KB238099

물은 누구의 것인가

모드 발로 지음 · 노태호 옮김

blue covenant

지식의날개

물은 누구의 것인가 – 물 권리 전쟁과 푸른 서약
ⓒ2007 모드 발로

초판 1쇄 펴낸날　　2009년 5월 18일

지 은 이　　　모드 발로
옮 긴 이　　　노태호
펴 낸 이　　　장시원
펴 낸 곳　　　(사)한국방송통신대학교출판부
　　　　　　　110-500 서울시 종로구 이화동 57번지
　　　　　　　전화 영업 02-742-0954
　　　　　　　　　편집 02-3668-4764
　　　　　　　팩스 02-742-0956
　　　　　　　출판등록 1982년 6월 7일 제1-491호
　　　　　　　홈페이지 press.knou.ac.kr

책임편집　　　박혜원
표지디자인　　보빙사
본문디자인　　(주)동국문화사
인쇄　　　　　(주)삼성인쇄

ISBN 978-89-20-92969-4 93530
값 12,000원
※ 잘못 만들어진 책은 바꾸어 드립니다.

물은
누구의
것인가

『물은 누구의 것인가』를 통해 한국의 독자들과 만나게 되어 기쁘게 생각합니다. 이 책은 물 부족 사태와 이로 인한 인간과 생태계의 위기에 대해 이야기하고 있습니다. 또한 물을 둘러싼 세계의 극심한 경쟁과 갈등 상황을 전하고 있습니다. 이러한 갈등 중 가장 심각한 관계는 물을 만인의 공유 자산이자 인류의 권리라 생각하는 자들과, 물을 상품화시키고 이를 시장에 팔아 이윤을 얻고자 하는 자들 간의 대립입니다. 한국은 이러한 대립이 가장 극명하게 나타나고 있는 국가 중 하나입니다.

한국은 물 부족 국가로서 이미 심각한 물 위기를 겪고 있으며 전통적으로 자원 부족에 시달려 왔습니다. 게다가 최근 들어 한국의 물 수요는 기후변화의 맹위만큼이나 폭발적으로 증가했습니다. 그러나 한국 정부는 수자원 보호와 빗물 모으기와 같은 물 보존 대신 불행히도 물 관리를 민영화시키는 쪽으로 해결의 실마리를 잡고 있습니다. 2006년 '물산업 육성 5개년 추진 계획'을 통해 한국 정부는 상하수도를 민영화하여 이를 세계적 수준의 다국적 물기업으로 키우겠다고 발표했습니다. 게다가 한국은 거대한 다국적 물기업의 본거지인 EU와의 FTA 타결도 앞두고 있습니다. 유럽은 이와 같은 협상을 통해 많은 국가의 상하수도 서비스 시장을 장악한 바 있습니다.

지난 수년간 한국의 노동조합, 환경단체, 농민단체, 인권단체는 강력한 연대를 이루어 한국의 소중한 물 공급 시스템이 사기업에 팔리는 것을 반대해 왔습니다. 이 책을 통해 여러분 모두가 물산업이 왜 공공분야로 남아 있어야 하는지에 대한 확실한 논거를 찾을 수 있기를 바랍니다.

이제 시간이 얼마 남지 않았습니다. 지구를 위해, 그리고 그 위에 살고 있는 우리 모두를 위해 우리는 물을 지켜야 합니다. 모두가 힘을 모으면 반드시 해낼 수 있을 것입니다.

—희망을 담아, 모드 발로

들어가는 글

"갑작스레 너무나 분명해졌다. 지구의 담수가 말라가고 있다는 사실이."

이 글은 물 부족이 가져올 거대한 싸움에 대한 경고를 담아 2002년에 출간된 『블루골드』의 첫 문장이었다. 이 책에서 우리는 물이 21세기 석유가 되고 있으며 담수자원으로 수익을 올리려는 '물 카르텔'이 형성되고 있다고 기술하였다. 또한 이러한 시도가 전 세계적으로 다양한 집단의 반발을 불러와 인류의 공동 유산으로서의 물을 주장하는 새로운 사회운동이 성장할 것이라고 예견하였다.

『블루골드』가 출간된 이후로 이 싸움은 점점 더 커져가고 있다. 이 싸움을 이루고 있는 한 축은 강력한 힘을 지닌 이윤 추구 집단으로서, 다국적 물·식품 기업, 대부분의 서구 선진국, 그리고 세계은행, IMF, WTO, 세계물위원회, 유엔의 일부 기관 등 대부분의 주요 국제기관이 이루고 있다. 이들에게 물은 시장에서 사고 팔리는 상품이다. 그들은 사기업의 물 관리를 진작시키기 위해 정교한 사회기반시설을 만들어내고 서로 밀접하게 연계하여 활동하고 있다. 이 책은 그들의 이러한 내력을 기술하였다.

"물은 마음에도 좋을 수가 있어…."

– 생텍쥐페리, 『어린왕자』 중에서

　　이들의 상대자인 또 하나의 축은 환경론자, 인권운동가, 원주민 및 여성단체, 소작농, 영세농민, 그리고 해당 지역의 수자원을 지키기 위해 싸우는 수천 명의 지역 활동가들이다. 이들에게 물은 지구상에 존재하는 인간을 비롯한 모든 동물을 위한 공동의 유산이며, 개인의 이윤 추구를 위해 함부로 다루거나 돈이 없다는 이유로 누릴 수 없는 대상이 되어서는 안 될 공공의 자산이다. 비록 이들이 물 카르텔만큼의 경제적 권력을 지니고 있지는 못하지만 혁신적인 연대를 통해 서로를 발견했으며 전 세계적으로 막강한 정치적 영향력을 형성하였다. 이 책은 이러한 내용 역시 포함하고 있다.

　　최근 이룬 몇몇 중요 성과로 고무된 '지구 물 정의 운동'은 공통의 목표를 향해 함께 모이고 있다. 그 목표는 인간의 권리로서의 물을 단호하게 되찾는 것이며, 이러한 인지를 지방자치단체 조례에서부터 주정부 법률, 그리고 유엔의 서약에 이르는 모든 수준의 정치 체제에 현실화시키는 것이다. 물이 인간의 기본 권리로 인식되지 못한 현실적 한계를 이용해 유엔과 각 국의 정부는 물 관련 정책의 의사결정권을 물 상품화와 거대 물기업에 호의적인 국제기구나 이익집단에 넘기고 있다. 이러한 사태는 물에 대한 권리를 주장할 수 있는 법적·도덕적 기반을 지니지 못한 수백만 명의 소외계층을 양산했다. 간단히 말해 모든 생명체는 깨끗한 물을 필요로 하고, 물에 대한 권리를 부정하는 것은 생명에 대한 권리를 부정하는 것이다. 이제 물에 대한 권리를 위해 싸워야할 시간이 되었다. '물에 대한 권리'는 물 정의 운동의 슬로건이 되었다. 이와 관련한 내용 역시 이 책에 담아냈다.

나는 이 놀라운 운동의 중요한 한 부분이 되었음을 자랑스럽게 생각한다. 이 운동은 나를 세계 곳곳으로, 특히 지독하게 외지고 가난한 곳으로 인도했다. 동시에 이 운동은 나를 국제기관과 권력의 중심부로 인도하기도 했다. 그곳에서 나는 먼 미래까지 지구의 물 정책을 통치하기 위한 물 카르텔의 단호한 시도를 목격했다.

이러한 여정은 내게 말로는 표현할 수 없을 만큼 큰 의미를 지닌다. 이 모든 여정이 당신에게도 정의로운 물을 위한 영감과 희망의 메시지로 전해지길 바란다.

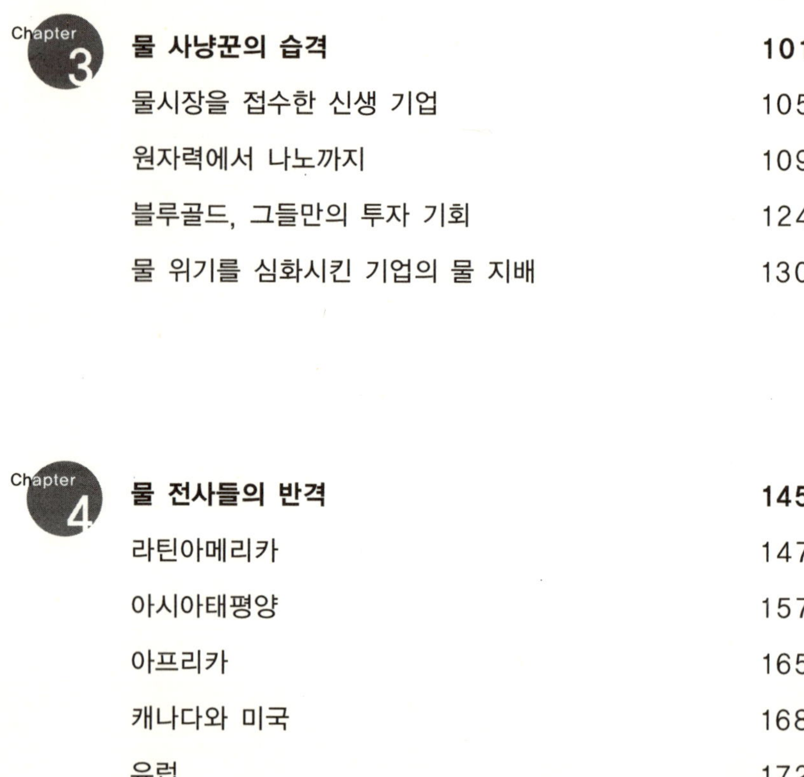

생태학의 법칙 │ 모든 것은 서로 연결되어 있다. 모든 것은 어딘가로 나아간다. 세상에 공
짜는 없다. 자연은 반드시 최후에 타격을 가한다.

_ 어니스트 칼렌바크

1. 그 많던 물은 어디로 갔나  깨끗한 물이 더 이상 없다?

 오염된 지표수 바닥을 드러낸 지하수 지구는 바싹 마르고 있다

녹고 있는 빙하│가상적 물 교역│도시화와 산림벌채 │사막화와

기후변화  위기를 악화시킨 첨단 기술

│댐 건설│수로 변경│해수담수화  실패한 정치가들

01

그 많던 물은 어디로 갔나

재앙을 유발하는 3가지 시나리오.

시나리오 1. 세상의 담수가 고갈된다. 이는 물 부족으로 고통받고 있는 20억 명을 이용해 돈을 벌고자 하는 단순한 문제가 아니다. 인류는 지구상의 제한된 수자원을 위험한 수준까지 지속적으로 더럽히고 전용하며 고갈시키고 있다. 물의 남용은 온실가스 배출에 버금가는 심각한 문제인 동시에 기후변화를 일으키는 주된 원인이기도 하다.

시나리오 2. 매일 점점 많은 사람들이 깨끗한 물 없이 삶을 이어간다. 생태적 위기가 심화됨에 따라 인류의 위기도 고조된다. 전쟁, 말라리아, 에이즈, 교통사고로 목숨을 잃는 어린이보다 오염된 물로 사망하는 어린이가 더 많아진다. 지구 수자원의 위기는 세계적으로 심화되는 불평등의 가장 강력한 상징으로 자리 잡고 있다. 경제적으로 부유한 계층은 언제나 유명 상표의 물을 즐길 수 있는 반면 수백만의 가난한 대중은 동네의 강과 우물에서 오염된 물로 겨우 연명한다.

시나리오 3. 물로 얻을 수 있는 모든 이윤을 장악하기 위해 수자원을 통제하려는 거대 기업연합이 부상한다. 기업들은 음용수를 공급하고 폐수를 수거한다. 엄청난 양의 물을 플라스틱 병에 담고 터무니없는 가격에 판매한다. 갖가지 정교한 기술을 개발해 폐수를 정제하고 그것을 다시 판매한다. 대형 파이프를 이용하여 유역과 대수층의 물을 뽑아내고 이동시켜 이를 대도시와 산업단지에 판매한다. 물을 마치 운동화처럼 시장에서 사고, 저장하고, 판매한다. 이러한 기업들은 무엇보다 정부가 수자원 부문에 대한 공적 규제를 풀고 시장원리에 입각하여 수자원 정책을 수립하기를 바라고 있다. 이러한 희망은 나날이 현실화되고 있다. 시나리오 3은 시나리오 1과 2에 의한 위기를 더욱 심화시킨다.

제3세계에서의 기본적인 물 공급 체계, 수원지를 보호하고 공업 및 산업형 농업으로 인한 수계 오염을 막을 수 있는 법률의 제정, 그리고 사막성 초지를 유발하는 파이프라인이나 탱크 등을 이용한 대량의 물 이동 금지. 이들을 위한 궁극적인 개선이 이루어지지 못한 20년 뒤의 세상을 상상해 보라.

핵 발전으로 운영되는 담수화시설이 대양의 주변을 감싸고, 기업이 만들어낸 나노기술은 하수돗물을 정화시켜 이를 다른 기업에 팔 것이며, 정화된 물은 다시 우리에게 팔려 그들에게 막대한 이윤을 남길 것이다. 부자들은 극소수의 오염되지 않은 곳에서 채수된 병입수(bottled water)를 마시는 반면, 가난한 사람들 중 물 부족으로 사망하는 수는 증가할 것이다.

이것은 공상과학소설이 아니다. 이는 우리가 도덕적 그리고 생태적 책무를 이행하지 않을 경우 직면하게 될 세계의 모습이다.

그러나 먼저, 우리는 이 심각한 위기를 현실로 받아들이는 작업부터 시작해야 한다.

깨끗한 물이 더 이상 없다?

새로이 맞은 21세기의 처음 수년간은 어느 시기보다도 지구 수자원의 위기와 관련된 많은 연구 결과, 보고서 및 서적이 출간되었다. 거의 모든 나라에서 자국 수자원의 규모와 수계를 위협하는 요인을 규명하기 위한 연구를 진행하고 있다. 세계 거의 모든 대학에서는 물 부족의 영향을 연구하기 위한 학과 또는 교육과정을 개설하고 있다. 또한 다수의 책들이 위기의 모든 관점을 조명하고 있다. 월드워치연구소(The World Watch Institute)는 "물의 희소성은 우리 시대의 지구 환경에 있어 가장 피하고 싶은 도전이다"라고 천명한 바 있다.

이와 같은 실질적이고 새로운 노력을 통해 우리는 다음과 같은 내용이 이미 닥쳤으며 반박할 수 없는 사안이 되었음을 알 수 있다. 물 부족으로 고통 받는 지역에 사는 인구가 20억에 이를 만큼 인구는 급증하였고, 오염과 기후변화로 인해 세계는 물 재앙에 직면하고 있다. 또한 인류가 2025년까지 현재의 관행을 수정하지 않을 경우, 세계 인구의 3분의 2가 물 부족에 시달리게 될 것이다. 20세기 들어 인구는 3배 증가하였으나 물 소비는 무려 7배 증가하였다. 30억의 인구가 증가할 2050년에는 먹고 사는 데 필요한 물만 80퍼센트가 더 필요하다.

누구도 수자원이 어찌될지 확신할 수 없다.

과학자들은 지구상에서 마시기에 적합한 물이 고갈되는 지역을 '뜨거운 얼룩(hot stains)'이라 부른다. 이러한 지역으로는 중국 북부지역, 아시아 및 아프리카 대부분, 중동, 호주, 미국의 중서부 그리고 남아메리카와 멕시코 일부 지역을 들 수 있다.

인류에게 미치는 최악의 영향은 비위생적인 환경에서 많은 인구가 생활하는 곳에서 찾을 수 있다. 세계 인구의 5분의 2는 수인성 전염병의 대발생이 유발되는 비위생적인 환경에서 생활하고 있다. 전 세계 병상의 절반은 위생적인 생활로 감염을 예방할 수 있는 수인성 환자들로 채워져 있으며, 세계보건기구는 지구상의 모든 질병 및 질환의 80퍼센트가 오염된 물과 연관되어 있다고 보고한 바 있다. 지난 10년간 설사병으로 사망한 아동의 수는 제2차 세계대전 이후 총기 사고로 사망한 사람의 수보다 많으며 매 8초마다 아동 한 명이 더러운 물을 마시고 사망한다.

일부 부유한 국가들은 대체불가능하고 소중한 수자원을 낭비하는 산업, 즉 무역과 농업을 기반으로 소비자 집단이 무제한으로 증가하는 모델을 채택하게 되면서 차츰 물 재앙의 심각성을 깨닫기 시작하였다. 지구상에서 가장 건조한 대륙인 호주는 거의 모든 주요 도시가 물 부족 현상에 직면하고 있으며 건조지역이 교외로 확산되고 있다. 연간 강우량은 감소하고 있으며 염화와 사막화가 급속히 진행되고 있다. 또한 강물은 일상적인 수량을 유지하기 어려울 정도의 속도로 말라가고 있다. 지구상에서 관리하고 있는 지표수의 4분의 1 이상은 지속가능한 한계선을 이미 넘어서고 있다. 기후변화는 가뭄을 가속화하고 폭우와 기상이변을 야기하고 있다. 때마침 세계의 인구는 향후 20년간 폭발적으로 증가할 참이다(이러한 현상은 해수면 상승으로 삶의 터전을 잃어버린 솔로몬 군도의 주민들과 같은 기후변화로 인한 난민을 양산한다).

미국 역시 여러 곳에서 심각한 물 부족 현상을 겪고 있다. 오대호 주변의 거대도시의 성장은 주지사들에게 압력으로 작용, 오대호 수자원을 이용하도록 하고 있다. 세계 최대의 담수호인 슈피리어 호는 최근 80년 동안 수위가 지속적으로 낮아져 2007년 최저에 이르렀으며, 해안선은 15미터 이상 뒤로 물러났다. 매일 1,060명의 인구가 순유입되는 플로리다 주 역시 문제에 봉착하고 있다. 이들은 점점 말라가는 지하수에 물 공급을 전적으로 의존하고 있다.

빠르게 늘어만 가는 잔디정원과 골프장 그린을 유지하기 위해 플로리다 주는 엄청난 속도로 지하수 사용량을 늘려가고 있다. 캘리포니아 주에 남아있는 담수의 양은 향후 20년 정도면 바닥날 수준이며, 뉴멕시코 주의 경우 10년 정도 사용할 수 있는 양이 남아있을 뿐이다. 애리조나 주의 담수자원은 이미 고갈되어 외부의 수입에 전적으로 의존하고 있다. 포웰 호는 서부지역의 물 공급을 위해 인공적으로 만들어진 호수임에도 불구하고, 이미 그 용량의 60퍼센트가 소진되어 있는 심각한 상황에 이르고 있다. 미국 과학한림원(NAS)과 미국 지질조사소의 2004년 연구에 의하면 미국 서부 내륙의 건조지역은 최근 500년간이 역사상 가장 건조한 기간이었을 것임을 시사하고 있다. 호주에서와 마찬가지로 미국 정치인들은 이러한 건조가 마치 주기적으로 나타나는 현상의 일부인 것처럼 언급하고 있다. 그러나 미국 중서부 및 남서부지역의 과학자와 물 전문가들은 이러한 상황이 단순한 건조현상 이상의 것이라 단언하고 있다. 즉, 미국의 중요 일부 지역에서 수자원이 고갈되고 있다고 이들은 진단하고 있다. 실제로 미국 환경청(EPA)은 현재의 물 사용 방식을 지속한다면 향후 5년 이내에 36개 주에서 물 부족 현상이 발생할 것이라 경고하고 있다.

이들 나라는 부유한 경제력을 활용해 아직까지는 물 부족으로 인한 극심한 고통을 받고 있지는 않다. 그러나 가난한 국가의 상황은 그렇지 못하다. 이는 곧 물을 통한 차별(water apartheid)이다. 물 부족으로 고통받는 빈곤층은 물이 부족한 지역(아프리카), 지표수가 심하게 오염된 곳(남아메리카, 인도) 또는 이 두 상황이 동시에 벌어지는 곳(중국 북부지역)에서 생활한다. 1,000만 명 이상이 거주하는 세계적 거대도시 대부분은 물 부족 지역에 속해 있다. 대표적인 도시로 멕시코시티, 캘커타, 카이로, 자카르타, 카라치(파키스탄의 옛 수도), 베이징, 라오스, 그리고 마닐라를 들 수 있다.

2006년은 인류 역사상 최초로 도시 거주 인구가 비도시 거주자의 수를 추월한 해다. 기하급수적으로 증가한 제3세계의 도시 인구는 물 공급이 되지 않는 빈민가를 양산하고 있다. 최근 10년 동안 위생적인 용수를 안정적으로 공급받지 못하는 도시 거주자가 계속 증가하여 그 수가 6,000만 명을 넘어서고 있다. 유엔의 예측에 의하면 2030년경에는 이들 거대도시 중심부의 인구 중 절반은 위생시설 및 용수 공급의 혜택을 받지 못하는 빈곤가 주민으로 전락할 것으로 보인다. 한 보고서는 인도 뭄바이를 그 예로 들고 있는데 이곳에서의 1개 화장실당 이용 인구는 5,440명에 이른다.

제3세계와 선진국의 물 사용에는 커다란 차이가 있다. 일반적으로 한 사람이 하룻동안 마시고 요리하며 씻는 데 사용되는 물의 양은 평균 50리터다. 그러나 북미 사람들의 1인당 하루 물 사용량은 600리터에 이르고 있는데 반해 아프리카 사람들은 6리터밖에 사용하지 못하고 있다. 선진국에서 태어난 신생아의 물 사용량은 빈곤국의 신생아가 사용하는 물의 50~70배에 이른다.

이러한 소름끼치는 불균형 격차는 인류의 물 평등권을 다시 생각하게 하였고, 물 공급으로부터 소외된 14억 인구에게 용수를 공급해야 할 의무를 환기시키고 있다. 이와 관련하여 유엔의 새천년개발목표(Millennium Development Goal)는 안전한 음용수를 공급받지 못하는 인구를 2015년까지 현재의 절반으로 줄이는 내용을 담고 있다. 그러나 이 훌륭한 계획은 두 가지 이유로 이미 실패하고 있다. 하나는 유엔이 세계은행과 함께 추진하고 있는 수자원 개발 모델이 결점을 지니고 있기 때문이고(2장 참고), 또 하나는 유엔이 지표수의 광범위한 오염이나 지하수의 과도한 사용에 대한 언급 없이 모든 인류가 충분히 쓸 수 있는 물이 여전히 존재한다고 가정하고 있기 때문이다.

오염된 지표수

우리 대부분은 지구에서 일어나고 있는 물 순환에 대한 기초적인 내용을 초등학교에서 배웠다. 지구상에는 한정된 양의 물이 존재하고 이 물은 순환과정을 통해 우리에게 영구적으로 되돌아온다. 여기서 물 순환의 기본적인 사항을 간단히 살펴보자. 수증기는 대기 중에서 응축되어 구름을 형성하고 바람은 이 구름을 이동시키며 이로 인해 수증기가 확산된다. 이 구름이 더 이상 습기를 포함할 수 없는 상황에 이르면 비나 눈의 형태로 이를 방출하게 된다. 강우와 눈은 지상에 내려와 지하수가 되거나, 호수, 하천 그리고 강으로 유입된다(지구상 물의 0.5퍼센트도 안 되는 이 양이 인류가 사용하는 물이며 고갈되지 않는 비축분이다). 이러한 과정에서 태양에너지는 증발을 유발하여 액체상의 물을 기체상의 수증기로 새롭게 변화시켜 순환의 고리를 연결한다. 연간 약 4,000억 리터의 물이 지구상에서 순환하며 이 과정을 통해 지구는 물이 마르지 않는 행성으로 자리매김한다.

그러나 오랜 기간 동안 문제가 없던 물 순환과정의 체계는 현대의 인류가 축적해온 파괴력까지는 고려하지 못하고 있었다. 지난 50년간 인류라는 생물종은 엄청난 속도로 지표수를 오염시켜왔다. 정확히 말하자면 지구상의 물은 영원히 고갈되지 않는다. 그러나 청정한 물은 고갈되고 있다. 제3세계에서 발생되는 오폐수의 90퍼센트는 처리과정 없이 하천과 강 그리고 연안으로 유출된다. 뿐만 아니라 인류는 땅 위를 흐르는 빗물의 절반 이상을 독점함으로써 주변 생태계나 타생물종이 이를 활용할 수 있는 여지를 빼앗고 있다.

중국의 주요 강 80퍼센트는 수중 생명체를 더 이상 유지시키지 못할 정도로 심각하게 훼손되었고, 주요 도시에 위치하는 모든 지하수의 90퍼센트가 오염되어 있다. 세계에서 가장 오염된 10개 도시 중 7개가 중국에 위치한다. 세계보건기구는 중국의 13억 인구 중 7억 명이 국제적 최소 안전 기준에 못 미치는 음용수를 사용하고 있다고 보고한 바 있다. 2006년 후반 중국 정부는 드물게도 이와 같은 사실을 인정하는 보고서를 통해 광범위한 오염으로 중국 전체 도시의 3분의 2가 물 부족 현상에 직면해 있으며 이들 중 1퍼센트는 현재 고갈에 직면했다고 시인했다. 중국의 영자신문 「차이나 데일리 *China Daily*」는 매년 450억 톤(45조 킬로그램)의 처리되지 않은 오폐수가 강과 호수로 유입되고 있다고 보도하였다.

이와 같은 현상은 아시아 각국에도 유사하게 나타나고 있다. 파키스탄의 2005년 전국 조사에 의하면 지표수 오염으로 전 국민의 25퍼센트 미만의 인구만이 청정한 음용수를 이용하고 있는 것으로 나타났다. 인도네시아환경감시단은 인도네시아가 세계적으로 가장 낮은 수준의 위생 설비를 지닌 국가 가운데 하나임을 지적한다. 자카르타 시민의 3퍼센트만이 하수관 시설을 이용하는 관계로 인근 강과 호수의 오염도가 매우 높으며 얕은 우물의 약 90퍼센트가 오염된 것으로 조사되었다. 방글라데시의 경우 지하수의 65퍼센트가 오염되었으며, 최소 120만 명의 국민이 비소에 중독된 것으로 알려져 있다.

인도의 강과 호수 중 75퍼센트는 오염되어 음용수나 세탁 등을 위한 생활용수로 사용되지 못하고 있다. 인도 전체 인구의 3분의 2에 해당하는 7억 이상의 인구가 충분한 하수처리 설비를 갖추고 있지 못하며, 매년 오염된 물로 인해 사망하는 5세 이하의 어린이의 수는 210만 명에 이른다. 인도의 유서 깊은 강인 야무나 강은 사망 상태에 이르렀다. 뉴델리 빈곤가의 규모가 폭발적으로 증가했기 때문이다.

뭄바이, 마드라스, 캘커타의 연안은 오염으로 악취가 만연하다. 수백만의 신자들이 경외시하는 갠지스 강은 개방된 하수구로 변했다.

2007년 수천 명의 힌두교도는 수백만의 신도가 그들의 죄를 사하는 갠지스 강에서의 종교적 행사를 보이콧했다. 인도 정부의 한 보고서는 현재 인도의 상태를 '전대미문의 물 위기'로 표현하고 있다. 이러한 오염과 결핍에도 불구하고 2025년까지 인도 도시에서의 물 수요는 2배 이상, 공업용수 수요는 3배 증가할 것으로 예측된다.

미국 의회도서관의 자료에 의하면 러시아의 내륙 지표수의 75퍼센트가 오염되었으며 이용 가능한 지하수의 30퍼센트는 고도로 오염된 것으로 나타났다. 다수의 강이 치명적인 독소 물질을 지니고 있으며, 비도시 거주자의 60퍼센트가 오염된 우물의 물을 음용수로 이용한다.

산악지대 대수층의 지하저장수는 이스라엘과 팔레스타인들의 가장 중요한 물 공급원이다. 이곳은 요르단 강과 지중해 사이에 위치한 어느 곳보다도 우수한 양질의 수원지로 꼽힌다. 그러나 '지구의 친구들(Friends of the Earth)'은 이 대수층 위에 거주하는 200만 명 이상의 사람들이 만들어내는 하수가 처리되지 않은 채로 하천과 호수 등에 방류되고 있으며, 이는 다시 지하수로 침출되고 있는데, 이 양은 연간 600억 리터에 이른다고 설명하고 있다.

유럽위원회(European Commission)에 따르면 유럽 지표수의 20퍼센트가 심각한 위협을 받고 있으며, 유엔은 유럽의 55개 주요 강 가운데 오직 5개만이 원시성을 보유한 것으로 평가했다. 벨기에의 수질은 공업화에 의해 심각하게 오염되었다. 라인 강, 사르노 강 그리고 다뉴브 강은 모두 위험한 수준에 이르렀다. 최근의 주기적 가뭄으로 유럽 정치가들은 용수와 관련된 문제를 고민하고 있다. 스페인 남부, 영국 남동지역 그리고 프랑스 서부와 남부지역은 만성적으로 취약한 곳이며 이러한 우려는 포르투갈, 이탈리아 그리고 그리스에서도 증가하고 있다. 2007년 5월 이탈리아 북부와 중앙지역에 선포된 비상사태는 3대 곡창지대의 하나인 포 계곡의 훼손으로 유발된 이탈리아 최대 규모의 강 '포 강'의 가뭄에서 기인했다. 이와 같이 유럽 여러 나라에서 현재 유지되고 있는 저수지의 수위는 역사상 가장 낮은 수치로 기록되고 있다.

미국 강과 하천의 40퍼센트는 현재 낚시, 수영 또는 음용수로서의 이용에 위험성을 지니고 있고 전체 호수의 46퍼센트는 산업형 농장과 축산에서 유발된 독성물질로 오염되었다. 매년 약 4억 5,000킬로그램의 화학제초제가 미국 전역에 뿌려진다. 미국 강어귀와 항만의 3분의 2가 보통 내지 심각한 수준으로 훼손되었다. 미시시피 강은 매년 150만 톤의 질소오염원을 멕시코 만으로 흘려보낸다. 미국 해안의 4분의 1은 수환경 오염으로 매년 폐쇄되거나 관리 권고를 받는다.

미국 정부는 암의 유발과 연관되어 있는 내분비계 교란물질로서 많은 나라에서 사용이 금지되어 있는 제초제 아트라진의 사용을 아직도 허용하고 있다. 캐나다에서는 매년 1조 리터 이상의 미처리된 하수가 방출되고 있는데, 그 양은 캐나다를 동서로 횡단하는 트랜스-캐나다 하이웨이의 길이인 7,800킬로미터를 6층 높이의 건물로 채우는 것과 동일한 양이다.

라틴아메리카와 캐리비안 지역에서는 1억 3,000만 명의 사람들이 안전한 음용수를 공급받지 못하고 있으며, 전체 인구 5억 5,000만 명 중 단지 8,600만 명만이 위생적인 물을 접하고 있다. 수질 악화로 인해 전체 인구의 75퍼센트에 해당하는 사람들이 만성적 탈수증으로 고통받고 있다. 페루 도시민의 3분의 1과 비도시민의 3분의 2가 기초 음용수와 위생 처리된 물을 공급받지 못하고 있다. 멕시코시티와 상파울로 같은 주요 도시들은 물의 과소비와 대량오염의 두 가지 위협에 직면해 있다. 2,000만 명의 시민이 생활하는 멕시코시티에서 재사용되는 오폐수는 10퍼센트에도 미치지 못한다. 그나마 이 수치는 라틴아메리카 전체에서 재처리되는 오폐수가 평균 2퍼센트 정도라는 현실과 비교해 볼 때 높은 수치라 할 수 있다.

아프리카 전체 인구의 3분의 1 이상이 현재 안전한 음용수를 이용할 수 없으며, 향후 15년 내에 아프리카 인구의 절반은 심각한 물 문제로 고통받을 것이다. 안전하고 깨끗한 물의 공급에 있어 최악의 상태에 이른 나라는 전 세계적으로 25개이며, 이중 19개 나라가 아프리카에 속해 있다. 나일 강의 근원지인 빅토리아 호는 열린 하수구로 변질되었다. 빅토리아 호를 비롯한 수십 개의 다른 호수와 강이 위험에 빠져 있다. 유엔환경계획(UNEP)의 2005년 10월 보고서 「아프리카 호수 도해서 *The Atlas of African Lakes*」가 제공한 위성자료는 677개에 이르는 아프리카의 모든 주요 호수가 전례 없이 악화되고 있음을 단적으로 보여준다. 이와 함께 아프리카 중부지역 차드 호의 규모가 90퍼센트 축소된 것을 비롯, 이들 호수의 수심이 심각하게 낮아져 있음을 밝혔다.

수천 명의 앙골라 주민이 2006년 더러운 물로 전염되는 콜레라 발생으로 사망하였다. 수도인 르완다의 가구 중 6분의 1만이 최소한의 위생 처리 과정을 거친 용수를 얻을 수 있으며, 450만 시민은 쓰레기 더미와 하수로 범벅된 곳에서 생활하고 있다. 남아프리카공화국의 강들 중 80퍼센트는 오염된 상태에 이르렀으며, 해를 거듭할 수로 깨끗한 물을 얻기 위해 여성들은 보다 더 먼 거리를 헤매야 한다. 이 나라의 여성들이 하룻동안 물을 길러 다니는 거리를 모두 합치면 지구에서 달까지 무려 16번을 왕복할 수 있다.

빈곤국에서 대규모 지표수 오염의 필연적인 결과 중 하나는 농작물 재배에 쓰이는 하수의 양이 증가하고 있다는 것이다. 2004년 스리랑카의 국제물관리연구소는 오폐수가 은밀히 관개용수로 이용되고 있는 전 세계의 실태에 대해 최초의 조사를 실시한 바 있다. 상추와 토마토에서부터 망고와 코코넛에 이르기까지 전 세계 관개농업으로 재배되는 농작물 중 10분의 1이 처리과정을 전혀 거치지 않은 하수로 관개를 하고 있었다. 대부분 하수도관을 직접 연결하여 행해지는 것으로 밝혀졌다. 하수의 관개용수화는 농경지에 각종 병원체와 산업 독성 물질이 공급되고 있음을 의미한다. 제3세계 대도시의 일부에서 팔리고 있는 음식물은 하수구에서 재배한 것들이다.

바닥을 드러낸 지하수

끔찍한 물 오염과 청정한 물 공급의 감소에 대처하기 위해 전 세계의 농장, 도시 그리고 기업들은 복잡한 기술을 동원하여 태고부터 채워져 있던 지하수를 퍼올리기 시작했다. 이는 아주 복잡한 문제다. 우리는 대수층이나 기타 지하수 원천으로부터 물을 얻는다. 이 물은 사막지대의 관개용수로, 자동차와 컴퓨터를 만드는 데 필요한 용수로,

그리고 타르와 석탄으로부터 오일을 생산하는 데 사용되는데 이러한 활동은 궁극적으로 수자원을 오염시키고 여기에 쓰이는 물은 물의 순환과정에서 완전히 상실된다.

현재의 지하수 채수 방식은 조상들이 우물을 사용했던 것과 같은 지속가능성과는 거리가 멀다. 오늘날의 지하수는 순환되고 재충전되면서 관리되는 재생 가능한 자원이라기보다 하나의 지하광물처럼 취급되고 있다. 마치 한곳에서 광물을 채굴하고 바닥을 드러내면 다른 곳에서 다시 채굴을 하는 것과 같은 방식으로 지하수를 채수하고 있는 것이다. 기하급수적으로 증가하는 지하수의 채수가 무분별적으로 시행되고 있으나 언제 그 한계점에 도달하고 어느 사회 혹은 지역에서 고갈될지 아무도 모른다.

우리가 아는 것은 일상생활에 소모되는 지하수의 양이 매우 빠르게 증가하고 있다는 것뿐이다. 전 세계 인구의 3분의 1에 해당하는 20억의 사람들이 지하수에 의존하고 있고 결국 지구 수자원의 20퍼센트에 해당되는 양을 매년 뽑아 쓰는 것이다. 지하대수층은 세계 모든 곳에서 과도하게 이용되고 있으며 산업형 농장에서 유출되는 화학물질과 광산의 폐분진 등으로 오염되고 있다. 또한 부주의한 시추로 인한 해수의 침투로 훼손되고 있다. 때로 과도한 채수는 대수층을 위험한 상태로 몰아넣는다. 사해가 사라지는 것은 요르단 강의 과도한 관개용수 공급에 기인하고 있다. 사해가 줄어들면서 그 주위에 위치하던 대수층의 수위가 사해 수위보다 높아지게 됨으로써 수백만 년 동안 보존되어온 지하수가 바다로 빠져나가 고갈되고 있는 중이다.

부유한 국가에서는 거대한 관정(管井)을 이용하는 대규모 산업형

농장이 엄청난 양의 지하수를 채수한다. 빈곤한 국가의 지하수 문제
는 소규모 농장에서 개별적으로 이용되는 수많은 펌프에 기인한다.

　지하수 채굴은 녹색혁명과 물을 채워 대량으로 식량을 생산하는 농
법과 연관되어 있다. 녹색혁명의 동인이기도 했던 관개농법으로 이용
되는 농지는 1950년 이래 3배로 증가하였다. 과학자들은 많은 물을
이용함으로써 개발도상국에서 요구되는 대량생산 품종을 개발할 수
있었고 이들의 수요를 충족시켰다. 이러한 혁명으로 보다 많은 식량
을 생산하는 데는 상당히 많은 물과 대량의 위험한 화학살충제 그리
고 각종 비료를 필요로 한다. 일부 국가는 과거 지속가능한 농법을 포
기하고 이모작을 시작하였는데, 이는 건조기와 우기에 적합한 여러
작물을 재배함으로써 물 수요를 증가시키는 결과를 초래했다.

　영국의 환경론자 프레드 피어스는, 관개농법은 우리에게 2배에 가
까운 식량을 제공해 주었지만 3배 이상의 물 수요를 증가시킴으로써
궁극적으로 얻은 것보다 잃은 것이 많다고 지적한다. 그는 더 이상 바
다에 이르지 못하는 주요 강줄기를 파악하였는데 여기에는 미국 콜로
라도 강과 리오그란데 강, 이집트 나일 강, 중국 황하 강, 파키스탄 인
더스 강, 호주 머레이 강, 중동지역의 요르단 강 그리고 중앙아시아의
옥서스 강이 해당된다. 이 강들은 과도한 댐 설치와 사용, 그리고 강
으로 유입되는 지하수의 채굴로 고갈되고 있다.

　산드라 포스텔은 사막화와 관련한 그녀의 저서 『모래 기둥 *Pillar
of Sand*』에서 과거 50년 동안의 식량생산의 변화가 세계의 지하수
공급에 심각한 긴장을 유발하고 있음을 논하고 있다. 많은 나라의 농
업 행위는 그야말로 수문학적 적자재정에 의해 유지되고 있다고 할

수 있다. 세계 곡물 생산량의 최소 10퍼센트는 다시는 채워지지 않을 지하수를 활용하여 생산되는데, 이 양은 나일 강 연간 유량의 2배에 해당되는 방대한 규모다.

지하수 추출은 종종 오아시스를 사막으로 만들어 버리지만 사막을 오아시스로 만들 수도 있다. 미국 대평원의 오갈라라 대수층은 사우스다코다 주에서부터 텍사스 주에 이르는 8개주에 걸쳐 복잡하게 얽혀있는 방대한 지층구조다. 반건조 고원지대에 정착한 초기 주민들은 1930년대 황진지대(중남부 건조평원지대)에서 절정을 이룬 연속적인 가뭄으로 작물재배에 실패하여 상당한 고통을 받았다. 제2차 세계대전 이후 다양한 기술과 기법으로 오갈라라 대수층을 공략하기 시작하였고 이로 인해 대평원지역은 세계에서 농업생산성이 가장 높은 지역으로 탈바꿈했다. 휴론 호보다 용량이 큰 지하수는 목화와 같은 겨울작물과 사막에서의 자주개자리 재배에 용수로 활용되고 있다. 그러나 이 기적이 영원히 지속되지는 않을 것이다. 오갈라라 대수층은 그 깊이가 상당히 깊게 형성되어 있어 20만 개의 관정이 24시간 뽑아 올린 양을 다시 채워넣기란 거의 불가능하기 때문이다. 멀지 않은 장래에 콜로라도 강 연간 유량의 18배에 해당하는 양만큼 지하수를 영원히 상실할 것이다. 현재 생산되는 작물의 양은 1970년 생산량의 절반 수준임에도 물 수요는 오히려 계속 증가하고 있다.

이 내용은 하루 물 사용량의 50퍼센트를 재사용이 불가능한 지하수에 의존하고 있는 미국 전역에서 반복되는 현황이다. 유럽에서는 전체 음용수의 65퍼센트가 지하수이며, 유럽위원회는 유럽의 도시 중 60퍼센트가 지하수 고갈의 문제에 봉착하고 있음을 경고하고 있다.

유럽지역 습지의 절반은 지하수 채수로 위협받고 있고 지하수의 오염도 심각해지고 있다. 호주의 대수층은 과도한 채수로 인한 문제점을 안고 있는데 1990년대에 급상승한 지하수 채수율은 90퍼센트에 이르고 있다. 이 나라 지하수 대수층은 주요 도시와 연관된 8만개의 독성 물질 폐기장의 영향으로 오염되고 있다.

그러나 다가오는 위기는 아시아지역에서 가장 분명하게 나타나고 있다. 영국 런던에서 발행되는 「뉴사이언티스트 *New Scientist*」는 통제되지 않고 기하급수적으로 증가하는 지하수 사용이 아시아 전역에서 나타나고 있고, 과학자들은 이를 작은 '예언적 위기'라고 지적하고 있다고 밝혔다. 농부들은 수백만 개의 우물을 뚫고 펌프로 보다 깊은 곳의 물을 끌어올리고 있으며, 이는 대륙의 지하수 저장고를 마르게 하여 '극도의 혼란' 상태에 이를 수 있는 위협이 되고 있다는 것이다. 베트남은 지난 10년간 관정을 4배 이상 증가시켜 현재 백만 개의 관정시설을 지니고 있으며, 이로 인해 파키스탄의 전체 농산물의 90퍼센트를 생산하는 '펀잡 주'의 지하수면은 급격히 낮아지고 있다.

인도에서는 정유회사의 관정기술을 지하수 개발에 적용하여 2,300만 개의 관정을 개발, 공룡시대에 형성된 지하수까지 끌어올려 사용하고 있다. 또한 매년 백만 개의 관정을 추가로 개발하고 있다. 이 관정에서는 매년 2억 리터의 수량을 뽑아내고 있으나 그 양의 극히 일부만이 장맛비에 의해서 채워지고 있다. 농부들은 더 깊이 관정을 뚫고 지하수를 사용하므로 대수층은 점점 낮아지고 있으며 지하수 고갈로 인한 농부들의 자살이 지난 10년간 수천 명에 이르고 있는 실정이다. 타밀나두와 북부 구자라트의 지하수면이 급격히 낮아지면서 경작

가능한 농토는 절반으로 줄었고 이러한 상황은 인도 전역에서 반복적으로 발생할 것이라고 현지 수자원 전문가들은 말하고 있다.

중국은 캐나다보다 수자원이 적음에도 인구는 40배 이상 더 많다. 중국 북부지역에서의 지하수 고갈은 현재 재앙 수준에 이르고 있다. 중국 북부지역의 절반에 이르는 곡창지대에서는 연간 30조 리터의 지하수를 소비하고 있다. 이 지하수는 대부분 농업용수로 쓰이고 있으나 중국의 경제적 기적을 이루기 위한 공업용수의 확보를 위한 정책으로 매년 더 많은 양이 공업용수로 전환되고 있다. 베이징의 대수층은 과거 20년간 60미터 낮아졌으며 이로 인해 중국이 새로운 수도를 선택하여 이전해야 할지 모른다는 경고를 받고 있다.

가뭄과 연관된 황사문제는 중국에서 심각해진 지 오래다. 2006년 상반기에 13번의 황사가 중국 북부지역을 뒤덮었으며, 그 중 4월에 발생한 황사는 중국 대륙의 8분의 1을 뒤덮고 한국과 일본에도 그 영향을 미쳤다. 이 황사는 3억 500만 킬로그램이라는 믿기 힘든 양의 먼지를 베이징에 뿌렸고, 시민들은 마스크를 착용해야 했다. 매년 미국의 로드아일랜드 주 넓이의 새로운 사막이 중국에서 만들어지고 있다.

지구는 바싹 마르고 있다

녹고 있는 빙하

중국의 위기는 티벳지역 빙하의 급속한 해빙으로 악화되고 있다. 중국과학원은 이 지역의 빙하가 기후변화로 인해 빠르게 사라질 것이며 10년마다 그 양이 절반으로 줄어들 것이라고 예측했다. 고원지대 4만6,298개의 빙하가 녹아 만들어진 연간 물의 양은 그 양만으로 따지자면 황하 강을 모두 채울 만큼 충분하다. 그러나 빙하의 격렬한 용해 속도는 이 물을 물 부족 국가의 갈증 해소보다 사막화에 기여하고 있다. 빙하의 용해가 양자 강, 인더스 강, 갠지스 강, 브라마푸트라 강, 메콩 강 그리고 황하 강 등과 같은 아시아 대륙의 대규모 강을 적시기보다는 과거 1,000년간 히말라야 빙하가 그랬던 것처럼, 고원지대에서 급속히 녹는 빙하는 토양 유실을 유발하고 사막지역을 확산시키고 녹은 빙하수는 강에 이르기 전에 증발된다.

중국과학원의 야오탄동은 고원지대의 빙하 감소는 생태적 재앙으로 다가올 것이라고 말하고 있다. 파키스탄 농작물의 90퍼센트를 생산하는 데 필요한 농업용수의 근원인 인더스 강은 이러한 재앙의 직접적인 영향권 안에 놓여있다.

세계야생동물기금협회(WWF)는 전 세계 수십억의 인구가 빙하 용해로 인해 극심한 물 부족 사태를 맞이하고 있다고 보고함으로써 우려를 심화시키고 있다. 이 기구는 이러한 예로서 안데스 산맥의 빙하에 용수를 의존하는 3개 국가인 에콰도르, 페루 그리고 볼리비아를 들고 있다. 1980년에 유럽지역 고산성 빙하의 75퍼센트가 녹아내리는 영향권에 들었고 오늘날에는 90퍼센트가 그 영향을 받고 있다. 라인 강과 론 강 그리고 포 강의 근원인 스위스의 알프스는 지구상의 다른 지역보다 2배 빠르게 녹아내리고 있다. 캐나다의 경우, 앨버타 주의 보우 강을 적시는 빙하는 50년간 매우 빠르게 녹아내려, 향후 이 강에는 홍수기를 제외하고는 물이 마르게 된다.

과학자와 환경론자가 '급수탑'이라고 부른 지구의 산맥은 세계 인류의 절반이 사용하는 식수의 발원지다. 지구온난화가 태고의 빙하를 벗겨냄으로써 이러한 산맥이 심각한 상태에 이르고 있다. 해안역에서 부서지고 있는 빙하는 담수의 소실인 동시에 해수면 상승의 요인이기도 하다. 빙하의 용해는 지하수 채수처럼 복잡한 소멸 현상의 단면이다. 인간과 자연을 살리기 위해 1,000년간 보존되어 온 물이 점점 사라져 결국 인간과 자연의 생명을 모두 잃게 하는 결과를 가져온 것이다.

가상적 물 교역

물은 무역을 통해 엄청난 양이 이동하는데 이러한 물을 '가상적 물 (virtual water)'이라 한다. 이 용어는 곡물과 야채 등의 작물이나 공산품을 생산하는 데 실제적으로 소비된 물을 설명할 때 사용된다. 이는 이스라엘의 경제학자들이 1990년 초에 자국의 부족한 물이 교역을 통해 유출되고 있는 것이 경제적 관점에서 부적절하다는 것을 지적하면서 '가상적 물' 또는 '내재적 물(embedded water)'이라는 용어를 쓴 데에서 기인한다. 그들은 물 집약적 상품인 오렌지와 아보카도를 반건조 기후의 국가에서 수출하고 있음을 지적하고 있다. 열악한 물 관리 체계(물을 채우며 경작하는 곳에서 사용되는 용수의 절반은 침출과 증발로 사라짐)는 지구 곳곳에서 사용되고 있기 때문에 야채 한 봉지를 생산하는 데 300리터의 물이 소모되고 있다. 또한 밀 1킬로그램 생산에 물 1,000리터가, 육류 1킬로그램을 생산하는 데 5,000~1만 리터의 물이 소모된다. 목화 1킬로그램은 3만 리터의 물이 필요하다.

　식료품을 만드는 데 사용되는 물도 '가상적'이다. 이는 생산품이 비록 물을 포함하지 않더라도 생산과정에서 엄청난 양의 물을 소비하기 때문이다. 어느 나라가 물 집약적인 생산품을 다른 나라에 수출한다면 이는 실제적으로 물을 직접 수출하는 것과 같은 효과를 나타낸다. 이는 물 집약적 생산품을 수입하는 나라의 물 소비량을 줄여준다. 사우디아라비아나 네덜란드와 같이 물의 공급이 원활하지 못한 부유한 국가들은 그들의 식료품을 수입함으로써 실제적인 물을 얻고 있으나 교역 상대국이 물이 풍부한 나라인지 그 반대인지에 대해서는 고민하지 않는다. 일본의 경우 상품생산과 각종 서비스를 통해 소비되는 전체 물의 양의 약 65퍼센트를 수입하는데 이는 다른 나라에서 물 집약적으로 생산된 작물과 상품의 형태로 들여온다. 캐나다와 같은 물 풍요국가들은 이러한 행위가 초기적 단계에 머물고 있다. 그러나 많은 개발도상국은 그들의 경제를 유지하고 또한 세계은행과 IMF의 부채 상환을 위해 양질의 경작지에서의 단일농작물 재배를 통한 수출을 강화하고 있다. 이는 엄청난 양의 가상적 물을 함께 교역하는 효과를 나타내게 된다.

　물의 위기가 매우 가깝게 다가오고 있는 인도는 태국과 함께 주요한 가상적 물 수출국의 하나다. 베트남은 커피를 수출하기 위해 지하대수층을 파괴하고 있으며, 남아메리카가 북아메리카에 계절을 초월한 과일과 채소를 공급하는 것처럼 아프리카는 유럽에 이와 같은 교역을 하고 있다. 케냐는 유럽에 수출하는 장미를 키우기 위해 나이바샤 호의 수자원을 파괴하고 있다. 과학자들은 아프리카 최대 규모의 하마 개체군 생존 거점인 이 호수가 장미 재배 용수를 계속해서 댈 경우 5~10년 이내에 '썩은 진흙 구덩이'로 전락할 것으로 예측하고 있다(이러한 사실을 잘 알고 있는 유럽의 대규모 화훼기업은 수입처를 에티오피아와 우간다로 이전할 것을 계획 중이다).

이와 함께 많은 개발도상국은 '바이오연료'(사탕수수, 옥수수, 팜오일과 콩으로부터 얻어지는 대체에너지)를 생산하여 기존의 에너지원을 대체하는 지구적 경제 흐름에 부응하고 있다. 자동차 연료로서의 바이오연료는 방대한 농경지를 사용하고 에너지소비가 많은 곡류 그 자체인 동시에 이 모든 에너지 비용을 개발도상국에 떠넘기고 있을 뿐만 아니라 엄청난 양의 물을 소비하기 때문에 심각한 비난을 받고 있다. 미국 코넬대학교의 데이빗 피멘텔 농업과학과 교수는 옥수수 재배와 옥수수로부터 바이오연료를 추출하는 전 과정을 통해 에탄올 1리터를 만드는 데 1,700리터의 물이 필요하다고 분석하였다. 중국은 매년 약 180억 킬로그램의 콩 바이오연료를 브라질에서 수입하고 있다(2007년 당시 미국과 브라질 양국 대통령이었던 부시와 룰라는 바이오연료 협정을 체결하였다). 이러한 바이오연료용 곡물을 생산하는 국가의 물 사용량은 45백만 리터인데 이는 전 세계의 가정용수 연간 사용량의 절반에 해당한다. 브라질 북부지역은 대규모 바이오연료 재배농원이 다수 분포하는데 이곳의 강은 모두 말라가고 있다(모든 바이오연료가 수출되지는 않는다. 캐나다와 미국 정부는 일부 농업지역을 바이오연료의 생산지로 지정하여 관리한다. 캘리포니아 주 일간지 「새크라멘토 비 *Sacramento Bee*」는 캘리포니아 주가 설정한 에탄올 생산목표를 달성하기 위해서는 매년 10조 리터의 물이 추가적으로 필요할 것이라 예측한 바 있다).

다수의 가난한 국가들은 수출로 인한 가뭄을 겪는다. 유엔의 보고에 따르면, 인류를 위해 소비되는 전 세계 물의 15~20퍼센트 가량은 가정용수가 아닌 수출을 위해 쓰이며 다수의 학자들은 이 수치를 매우 보수적인 추정치로 보고 있다. 그러나 세계은행과 기타 국제 금융 기관들이 수출의 증가를 강조하는 한 이 수치는 증가할 것이며, 물은 가난한 나라에서 부유한 국가로 이동할 것이다. 아이러니하게도 물 부족을 겪는 부유한 두 국가인 미국과 호주는 주요한 가상적 물 수출국이다. 미국의 물 수출의 순량은 퍼올려지는 전체 물의 3분의 1에 이르고 이는 미국 중서부 및 남서부지역이 건조해지는 원인으로 작용하고 있다. 미국과 호주 모두 물 위기를 부정하고 경제의 세계화에 집착하며 무제한적 성장이라는 거짓된 약속을 외치는 정부가 존재하기에 필연적으로 발생한 현실이다.

도시화와 산림벌채

전 세계의 물이 어디로 사라지고 있는가에 대한 질문의 또 다른 대답은 엄청난 규모의 도시화 현상과 자연의 아스팔트화로 인한 수문학적 순환의 교란에서 찾을 수 있다. 슬로바키아의 골드만 상 수상자인 미할 크라브칙의 혁신적 연구에 따르면, 도시의 확장과 녹색지대의 감소로 물이 야지, 초지, 습지 그리고 하천으로 되돌아갈 수 없을 때 토양과 지역 물 관리 시스템에 물이 부족해지고, 부족한 물로 인해 지표로부터의 증발량이 감소하게 된다. 즉, 비는 거대한 시멘트 우산 위로 떨어지고 곧바로 바다에 이르게 되는 것과 같은 현상이 나타난다는 것이다. 대지가 더 이상 물을 머금고 있지 못할 때 하천 유역과 대류 집수역에서의 강우는 줄어든다. 결국 전반적인 물의 순환에 있어 물의 양이 감소하는 결과로 이어진다.

크라브칙은 오늘날 우리처럼 과도한 물 사용으로 인해 파멸된 과거의 많은 사회를 연대순으로 기록하였다. 그는 물이 기후적 극한 상황을 완화시키는 온도 조절자 역할을 수행함을 설명했다. 대기에 보다 많은 수분이 존재할수록 온도와 기후를 완화시키는 조절능력은 보다 강해진다. 대부분의 증발된 물은 폐쇄적인 수문학적 순환의 과정 안에서 응축되어 지상으로 되돌아온다. 이러한 순환에 있어 식물체의 증산작용으로 공기 중으로 발산되는 물의 양이 상당하며 기온을 낮추는 역할도 한다. 만약 물의 순환이 식생역의 훼손으로 교란된다면 이는 집수역 내 수증기의 상실로 이어진다. 숲을 제거하여 지상에 식생 분포지를 줄여나가는 것은 과도한 방목 및 열악한 농법과 함께 과거 문명도시를 파멸로 이끈 중요한 요인으로 작용했다. 현대인은 여기에 도시화와 하수관로를 통한 담수의 과다 유출을 경험하고 있고, 엄청난 양의 지표담수가 관로를 통해 바다로 직접 흘러가 버린다. 크라브칙은 식생의 파괴가 지표수의 대량 유출과 결합되어 온실가스 유출이 그러한 것처럼 지구의 온난화와 해수면 상승의 주요한 원인으로 작용한다고 지적하고 있다.

또 하나의 문제는 도시지역의 열섬현상이다. 「사이언스 뉴스 *Science News*」는 미국 내 불투수성 지표면이 오하이오 주 면적에 이르고 있고, 이는 국지적 기후에 실질적인 영향을 미치고 있다고 보도하였다. 강우가 도시지역 지면에 스며들지 못하면 기온을 낮춰주는 증발작용이 일어나지 않으므로 지표는 열을 흡수할 수 없게 된다. 즉

도시는 땀을 흘리는 기능을 상실하여 온도조절에 실패하는 것이다.

이러한 문제는 산림벌채로 더욱 악화된다. 2005년 3월 호주의 핵과학기술기구(ANSTO) 과학자들은 아마존 유역 강우의 분자적 구조의 변이성을 분석하였다. 이 연구를 통해 이들은 대서양으로 유입되는 물의 종류를 식별할 수 있는 '꼬리표'를 확보할 수 있게 되었다. 이 꼬리표는 물이 증발하여 다시 비를 통해 내륙으로 이동하고 강으로 다시 되돌아오는 여정을 파악할 수 있게 하였다. 이 연구는 집중적인 벌채가 시작된 70년대 이래로 아마존 유역에 내리는 강우에 있어 무거운 물분자의 구성비가 심각하게 감소하고 있음을 밝혀냈다. 이는 무거운 분자구조를 띤 수분이 더 이상 내륙으로 되돌아오고 있지 않는 것을 의미하며, 이는 식생역이 사라지고 있음을 잘 보여주는 결과다. 이 연구팀은 식생의 감소가 강우의 감소와 분명한 연관성이 있음을 명백하게 보여줬다.

사막화와 기후변화

건조화 현상이 다양한 연구를 통해 보다 분명하게 규명되고 있다. 미국 국립대기연구센터(NCAR)는 1970년대에서 2005년 사이에 심각한 가뭄현상에 이른 육지 면적이 2배로 증가했다고 보고했다. 건조화 현상은 유럽, 아시아, 캐나다, 서부 및 남부 아프리카 그리고 호주 동부지역에서 확산일로에 있다. 나이지리아는 매년 2,000제곱킬로미터의 국토가 사막으로 변하고 있다.

미항공우주국이 지원하는 '중력회복 및 기후실험기구(GRACE)'의 연구자들은 세계의 물 수급 변화를 측정하기 위해 한 쌍의 인공위성을 사용하고 있다. 이 2개의 위성은 지구의 자기장을 측정하고 미미한 자기장의 변화를 통해 어느 곳에 물이 위치하는지를 파악한다. 이는 물이 눈의 형태이건 강 또는 대수층에 존재하든 특정 물이 어디 있는지를 찾아낼 수 있도록 고안되었다. 이 프로젝트가 2003년부터 시작되어 그 역사가 길지는 않으나 이미 캘리포니아의 중앙 계곡, 인도의 대부분 지역 그리고 아프리카의 주요 관심 지역에 대한 분석을 마쳤다. 이 분석에 따르면, 콩고 강의 수심은 매년 21밀리미터씩 줄어들고 있는데, 이는 곧 2억6,000만 리터의 물이 매년 줄어들고 있다는 것을 의미한다. 다른 말로 하자면 콜로라도 강 연간 유량의 14배에 해당하는 물이 매년 사라지고 있는 것이다.

영국 기상청은 과거 50년간의 지구 수자원 분석에 기초하여 미래의 상태를 예측하기 위한 모델을 2006년에 개발하였다. 이 모델에 의하면 21세기 후반부에는 가뭄의 확산 정도가 현재의 2배에 이를 것이고 수백만 명이 이로 인해 생존을 위협받게 될 것으로 나타났다. 이와는 대조적으로 20세기의 마지막 50년 동안에는 전 세계의 단 1퍼센트만이 극심한 가뭄으로부터 영향을 받았었다.

담수자원에 영향을 주는 기후변화에는 여러 가지 형태가 있다. 해수면 상승은 이미 위기에 처한 습지를 더욱 감소시키고 있다. 습지는 흔히 담수 생태계에서 콩팥과도 같은 존재로 불린다. 습지가 수중의 불순물과 독소물질을 정화하여 담수를 강, 호수 그리고 대수층에 이르게 하기 때문이다. 마치 지상의 숲이 대기 중 오염물질을 정화하고 홍수를 예방하여 생태계의 허파 기능을 하는 것과 유사하다. 또한 온난화가 지구의 온도를 상승시킴으로써 담수의 순환에 꼭 필요한 토양

내 수분을 많이 증발시키고 있다. 호수와 강의 물은 전보다 빨리 증발하고 있으며, 담수자원의 주요 공급원인 고산지대의 눈과 얼음도 시간이 지날수록 그 희귀성이 높아지고 있다.

구호기구인 크리스찬에이드가 2007년 5월에 발간한 보고서 「인구 대이동: *Human Tide*」는 기후변화와 물 순환과정에서 나타나는 물의 양적 감소가 기후변화 난민을 10억 가까이 양산할 것으로 보인다고 예측했다. 이 보고서에 인용된 옥스포드대학교의 노먼 마이어스 교수의 연구 결과는 극심한 가뭄을 겪는 지역의 규모가 2050년에는 현재의 5배로 증가할 것이라 진단하고 있다. 또 다른 구호단체인 티어펀드는 세계 지도자들의 행동을 촉구하고 있다. 그들의 보고서 「열기를 느끼며 *Feeling the Heat*」에서 영국의 저명한 기후학자인 존 휴턴 경은 물 부족 현상은 개발도상국에서 나타나는 가장 가시적이고 치명적인 기후적 위협이라고 경고하고 있다.

위기를 악화시킨 첨단 기술

많은 국가와 국제 재정기구들이 물 위기를 완화하기 위해 댐 건설, 수로 변경, 해수의 담수화 등 고도의 기술을 권장하고 지원하고 있다. 이러한 설비들이 없는 세계를 상상하기는 어렵다고 생각할 수도 있으나 길게 보면 이들이 오히려 문제의 원인이며 세계가 진정 필요로 하는 답과도 거리가 있다. 오히려 이러한 값비싼 해결방식들은 생태계에 엄청난 악영향을 미칠 잠재성을 모두 가지고 있으며, 세계의 물 위기를 더 악화시킬 수도 있다.

댐 건설

전 세계적으로 높이 15미터 이상의 대규모 댐이 4만5,000개 이상이 건설되었으며 여기에 투입된 비용은 2조 달러에 이른다. 댐은 전기를 생산하고 물을 공급하고 홍수를 조절하며 배의 항해를 가능케 해준다. 그러나 이러한 역할은 사실상 대규모 댐보다는 소규모의 댐들이 이행하고 있는 것임이 여러 정황을 통해 증명되고 있다. 대규모 댐들은 유기물을 거르면서 댐으로 침수된 일대 토지의 식생들을 썩게 하고, 그 결과 엄청난 온실효과를 만드는 주요 원인 중 하나인 메탄가스를 만들어낸다. 또한 대규모 댐은 그 규모가 크면 클수록 많은 사람들을 거주지 밖으로 이주시킨다. 8,000만 명에 가까운 사람들이 댐을 만들기 위해 그들의 거주지에서 강제로 이주를 당했고 보상을 받은 사람은 일부에 불과하다. 전 세계 거대 강의 60퍼센트가 댐과 수로 변경에 의해 분절되었고 100만 제곱킬로미터 이상의 토지가 인공 호수를 만들기 위해 침수되었다.

대규모 댐은 강의 흐름과 그 속에 거주하는 생물의 서식처를 파괴하고, 그 결과 생물의 다양성을 줄인다. 국제강네트워크(IRN)는 대규모 댐의 건설은 전 세계의 담수어종들의 3분의 1이 멸종되거나 멸종 위기에 처하게 되는 주요 이유라고 보고했다. 대규모 댐은 세계의 거대 강이 더 이상 바다로 연결되지 못하게 하고, 담수와 해수가 만나서 수많은 종이 서식하는 강 하구의 삼각주지역을 파괴시키는 원인이기도 하다. 세계야생동물기금협회는 세계의 177개 가장 긴 강 중 단지

21퍼센트만이 방해받지 않고 바다로 흘러간다고 보고했다.

또 다른 가장 중요한 점은 대규모 댐이 온실가스의 방출에 상당 부분 기여하고, 그 결과 담수자원에 가장 큰 위협이 되고 있는 지구온난화에 영향을 준다는 점이다. 브라질의 기후변화 전문가인 필립 피언사이드는 아마존의 수력발전용 댐이 같은 양의 에너지를 생산하는 천연가스 공장보다 더 많은 지구온난화를 야기한다고 추정하고 있다. IRN의 패트릭 맥컬리는 이러한 사실이 직관에 반하는 것처럼 보이지만 열대의 수력발전용 인공호는 석유공장보다 지구온난화에 더 많은 영향을 미치고 있을 수 있다고 말한다.

서구 선진국에서는 대규모 댐의 건설 붐이 한풀 꺾였을지 몰라도 세계은행과 다른 지역의 개발은행들은 인도, 중국, 브라질, 터키, 이란, 라오스, 베트남, 멕시코, 에티오피아 등에서 새로운 댐의 건설을 계획 중이고, 이들 지역 모두는 심각한 물 부족 문제와 오염 문제를 이미 경험하고 있는 곳이다.

수로 변경

물 위기에 대한 또 다른 기술적 해결방안은 물이 자연적으로 존재하는 곳에서 상당 거리를 이동시켜 대도시나 산업지역으로 옮기는 것이다. 과거 물의 이동은 수로를 통해 우회되었으나 현재는 주로 거대한 관로를 통해 이동한다. 전 세계적으로 엄청난 관로가 원유나 가스를 이동시키기 위한 거대한 망을 이루고 있는 것과 마찬가지로 물을 한 장소에서 다른 장소로 이동시키기 위한 관로가 건설 중이다. 이러한 관로 건설은 신중한 계획이나 생태적인 의미에 대한 이해도 없이 지속적으로 진행 중이다. 이들 관로는 에너지 관련 관로와 마찬가지로 상당한 비용이 소요되고 환경에 악영향을 미치고 있으며 한대나 아한대에서는 영구동토층에 건설되어야만 하기에 이러한 지역의 야생생물과 생태계 파괴가 이루어지고 있다.

한 지역에서 그 지역 생태계의 생명수가 되어야 하는 물이 취수되어 타 지역으로 이동하게 되면 단기적으로는 그 지역의 지하수면이 낮아질 뿐이지만 장기적으로는 물이 완전히 고갈될 수 있다. 이러한 시나리오는 이미 시골지역의 원주민과 농업사회가 대도시에 대항하여 문제를 제기하는 상황으로 나타나고 있으며, 지하수에 대한 권리를 주장하는 국가 간의 긴장을 고조시키는 원인이 되기도 한다. 이는 또한 지역의 물이 팔리거나 과도하게 취수되거나 혹은 온전히 도둑맞다시피 한 비도시지역들이 황폐화되는 주된 원인이기도 하다.

멕시코시티는 인구는 지속적으로 증가하는 반면 물 공급은 점차 줄어들면서 만성적이고 심각한 물 위기에 직면하고 있다. 정부는 100킬로미터 떨어진 마자후아스 토착지역의 인공호로부터 1초에 1만6,000리터에 달하는 담수를 관로를 통해 멕시코시티로 수송하고 있다. 1980년 국가가 물을 압수해간 이래 마자후아스 지역민들은 이전에는 자유롭게 사용하던 자신들의 물에 대한 권리를 되찾기를 기다려왔다. 최근에는 물 문제가 개선되지 않으면 무력이라도 동원할 것이라고 말하고 있다. 멕시코 정부는 도시 주변지역 중 더 멀고 조용한 곳을 돌아다니면서 물을 독점할 새로운 공급처를 찾고 있다.

리비아는 국토의 대부분이 사막지역인 나라로서, 좁은 해안지대에 대규모 개발을 성급하게 시행해 극심한 물 부족 문제를 겪고 있다.

1980년에 무아마르 카다피는 사하라사막 아래 대수층에서 물을 취수하기 위한 대규모 인공 하천 계획을 시도하여 5,000킬로미터에 달하는 송수관로를 350억 달러를 들여서 건설했다. 이는 지금까지의 건설 사업 중 가장 큰 규모의 관로 건설로 해안의 사막지대가 발전하게 된 원동력이 되었다. 동시에 1,300개 이상의 관정이 최대 500미터까지 대수층으로 파고 들어갔다. 현재는 이 대수층에서 하루에 무려 65억 리터가 취수되고 있다. 이러한 '세계 8대 불가사의'한 현상에는 2가지 문제점이 있다. 우선 이 대수층은 차드, 이집트, 수단 등의 국경 아래에 존재하는 것으로 모두가 이 물에 대한 소유권을 주장할 수 있다. 다음으로 더 중요한 것은 대수층이 더 이상 재충전되지 않고 결국은 완전히 고갈될 것이라는 점이다.

이스라엘은 최근 규모가 급속하게 줄어들고 있는 사해로 물을 끌어들이기 위해 세계은행의 지원 하에 홍해에서 시작되는 200킬로미터짜리 관로를 건설하고 있다. 환경주의자들은 이 사업이 사해를 살리는 대신에 호수의 조류(藻類)성장을 증가시켜서 더 큰 문제를 야기할 것이라고 경고하고 있다.

인도는 히말라야 외곽의 테흐리 댐에서 시작하는 거대한 관로를 건설할 계획인데, 이는 성스러운 갠지스 강의 주요 원천인 강가 강 운하 상류의 물을 델리 지역의 음용수로 공급하기 위해서다. 이 공사가 끝나면 테흐리 댐은 세계에서 다섯 번째로 규모가 큰 댐이 될 것이고, 4,200헥타르에 달하는 비옥한 농토가 침수될 것이다. 이 사업은 거대 댐과 수로, 관로를 이용하여 엄청난 양의 물을 이동시키기 위해 인도의 모든 강을 연결하는 사업의 1단계가 될 것이다. 이렇게 엄청난 사업에 제안된 비용은 인도가 교육에 쓰는 예산의 200배, 세금으로 거둬들이는 규모의 3배에 이른다.

중국은 서부의 황하 강을 이용, 티벳고원으로부터 물을 계단식으로 우회시키는 엄청난 건설사업을 통해 국가의 미래를 다시 쓰겠다는 계획이다. 남북물수송사업의 티벳 서부권역 사업은 2010년쯤에는 건설을 시작할 예정이고, 이는 이미 양쯔 강의 물을 베이징으로 이동시키기 위해 건설 중인 중부와 동부 권역 사업으로 연결될 것이다. 이 사업에서 1,100킬로미터의 관로와 수로가 3개나 건설되는데 대략 3,000억 달러가 소요될 것이다. 계획에 따르면 1단계로 약 4조 리터의 물이 매년 수송될 예정이며 이는 캘리포니아 주의 물 수송 계획과 같은 규모로서, 사업이 완료되면 1년에 46조 리터가 수송될 예정이다.

러시아 당국은 중국이 시베리아의 이르티시 강으로부터 매년 4,500억 리터의 물을 퍼올리고, 300킬로미터의 관개수로를 설치한다는 계획에 분개하여 무장할 준비를 하고 있다. 이 강은 두 나라의 국경지역으로, 이 사업이 시행되면 200만 러시아인들의 물 공급이 중단될 수도 있다. 이와 동시에 러시아의 유명한 바이칼 호로부터 중국은 물론 중동과 미국으로까지 물을 수송하는 관로계획이 있다는 소문이 끊임없이 나돌고 있다. 바이칼 호는 세계의 가장 큰 담수호로 북아메리카의 오대호 모두를 합한 것보다 큰 규모이며, 2005년 8월 러시아와 중국의 과학자들이 이 호수 주변의 환경과 수질을 조사하기 위해 최초로 합동 연구 과제를 수행했다.

수많은 관로 건설이 개발도상국에서도 계획 중이다. 유럽위원회는 오스트리아의 알프스로부터 남유럽의 물이 부족한 나라들로 물을 수송하기 위한 유럽의 물 공급망 건설을 지원하고 있다. 미국의 사우스 다코다 주, 미네소타 주, 아이오와 주 북서부의 인구 밀집 지역으로 미주리 강의 물을 수송하기 위해 650킬로미터의 관로를 건설하는 계획도 진행 중이다. 네바다 주 남부의 수자원부는 네바다 남부에서 라스베이거스로 물을 수송하기 위해 500킬로미터의 관로를 계획 중이다. 유타 주에서는 세인트 조지 워싱턴 지역으로 물을 대기 위해 포웰 호에서 200킬로미터 관로를 5억 달러를 들여 건설하는 계획을 추진 중이다. 캐나다 북부에서 미국 중서부로 물을 수송하는 수많은 관로 건설 계획이 추진 중이거나 반대에 부딪혀 보류 중이다. 그러나 물이 귀해지면서 이러한 과거 계획들이 다시 고려되거나 논의되고 있다. 호주의 환경수자원부의 말콤 턴불은 뉴 사우스 웨일즈 북부에서 퀸즐랜드의 물 부족 도시들로 관로를 연결하는 방안에 호의적이다. 그는 2007년 4월 보고서에서 관로 건설 비용이 높다고 해도 해수의 담수화보다는 비용이 덜 들면서 더 많은 양의 물을 공급할 수 있을 것이라고 주장했다.

약 60년 전, 아랄 해의 많은 양의 물이 새로 건설된 수로를 통해 사막으로 이동했다. 사막에서는 이 물로 목화를 재배해 수출까지 했다. 당시 아랄 해는 이름에서 알 수 있다시피 바다로 불릴 만큼 세계에서 네 번째로 큰 호수였고, 그 유역은 아프가니스탄, 이란과 구소련의 5개국이 함께 공유하는 지역이었다. 그러나 이 호수는 현재 원래의 20퍼센트 규모로 줄어들었고 남아있는 것은 짠물뿐이다. 현대의 생태 재난의 극명한 예로 전락한 것이다. 관개를 위한 우회관로는 가뭄과 합작하여 세계에서 여섯 번째, 아프리카에서 세 번째로 큰 규모의 호수인 차드 호 역시 점점 사라지게 만들었다.

해수담수화

이 기술은 물기업들이 열성적으로 추진하고 있으나 물 부족 국가의 정부들은 다소 꺼려하는 접근 방식이다. 해수담수화는 해수나 기수로부터 염분을 제거 혹은 증발시키거나 미세막을 통과시켜 담수로 만드는 기술을 이용한다. 국제담수화협회(IDA)에 따르면 전 세계 155개 나라에 1만2,300개의 관련 시설이 설치되어 하루에 470억 리터의 물을 생산하고 있다고 한다.

이러한 통계는 그리 놀라운 것도 아니다. 대부분의 담수화시설은 규모가 작고 극히 지역적이고 고부가가치의 산업적 목적으로 주로 이용된다. 중동과 캐리비안 지역과 같이 일부 지역에서만 담수화가 그 지역의 물 문제 해결의 주요한 부분일 뿐이다. 이러한 시설 중 2,000개 정도가 사우디아라비아에 있고 세계에서 해수를 담수화하는 양의 4분의 1이 여기서 생산된다. 사우디아라비아에서 이처럼 해수 담수화가 많이 진행되는 이유는 해수담수화가 돈이 아주 많이 드는 과정이기 때문이다. 물 부족 국가 중 사우디아라비아처럼 돈이 많은 나라는 거의 없다. 전 세계적으로 담수화시설은 세계 담수 이용량의 단지 0.3퍼센트만을 제공하는 수준이라고 태평양연구소가 보고하고 있다.

그러나 세계적인 물 위기는 점점 우리 앞에 다가오고 있고 많은 정치가와 행정가는 해수담수화 기술을 해결방안으로 고려하고 있다. 대규모의 시설이 이스라엘, 싱가포르, 호주 등에서 건설 중이고 캘리포니아 주에서만도 30개의 대규모 담수화시설이 계획 중이다. 국제담수화협회에 따르면 이 분야에 대한 세계적 수요는 매년 25퍼센트 정도 증가하는 추세다. 여기서 우리는 일부에서 주장하는 것처럼 담수화가 우리가 당면한 문제에 대한 해결방안인지 확인해볼 필요가 있다.

엄밀히 검토해 보면 이 기술이 가지고 있는 주요한 환경과 보건에 대한 위해성을 발견할 수 있다. 첫째, 해수담수화 시설은 에너지 고비용적 기술로 지역의 전력 소비 구조에 엄청난 부담이 된다. 호주의 환경기고가인 존 아처는 자국의 물 위기를 냉혹하게 비판하는 내용을 『목마른 세기 *Twenty-Thirst Century*』라는 책을 통해 언급했는데, 그 내용은 시드니에서의 해수담수화 시설을 그 예로 활용하고 있다. 이 시설은 매일 1억 리터의 물을 공급하는 규모로 현재 시드니의 하루 필요량 중 1.5시간만을 제공하는 수준이나 매년 온실가스를 25만 5,500톤이나 방출하는 에너지를 쓰고 있다. 세계적으로 대규모의 담수화기술은 온실가스 방출을 심각하게 증가시켜 본래 물 부족을 완화시키려고 건설한 시설들이 결과적으로는 물 부족 문제를 더욱 악화시키게 된다.

둘째로 모든 담수화시설은 담수생산 과정에서 사용된 화학물질과 중금속이 농축된 짠물과 섞여 독성 화합물인 치명적인 부산물을 배출한다. 담수화된 물 1리터마다 독성물질 1리터가 바다로 다시 버려진다. 사우디아라비아의 대규모 시설들을 항공사진으로 촬영해보면 이 시설에서 배출되는 엄청난 검은 짠물 찌꺼기들이 마치 거대한 오징어가 먹물을 바다로 내뿜는 것처럼 보인다. 세계적으로 현재의 담수화 시설들은 매일 200억 리터의 담수를 생산하고 있다. 동시에 해수를 취수하는 과정에서 죽게 되는 플랑크톤, 생물의 알, 유생, 물고기와 같은 수서생물들의 분해된 잔해가 배출물에 포함되고 있어 배출구 인근의 물의 산소 함유량을 낮추고 인근 해안의 생명체에게 추가적인 스트레스가 되고 있다.

　세 번째로 담수화시설로 들어간 물은 역삼투 과정에 의해서는 여과되지 않는 많은 유해한 물질을 포함하고 있다. 이들 물질은 바이러스나 세균 등과 같은 생물학적인 오염물질, 환경호르몬, 의약잔류물, 개인 위생물질의 잔류물 등과 같은 화학적 오염물질, 마비를 일으키는 조개류 독성물질과 같은 조류독성물질 등도 포함하고 있다. 사실 이러한 오염물질은 어디에서나 발견되는 것들이다. 그러나 담수화시설의 문제는 이 시설이 자리한 나라가 담수화 과정 후에 그 부산물을 바다로 흘려보냄으로써 나중에 다시 사용해야할 물을 이미 오염시키고 있다는 사실이다. 예를 들어 호주의 시드니는 매일 10억 리터의 폐수를 바다로 내보내고 있고, 이 물이 다시 담수화시설로 취수되어 여과되는데 이 과정에서는 단지 염분만이 제거된 다음 시드니 일반 시민들의 생활에서 사용되고 있다. 제3세계가 그들의 폐수의 90퍼센트를 처리 없이 방류하고 있다는 사실을 상기해볼 때 인간의 소비를 위해 담수화과정을 거친 물의 수질은 상상만으로도 끔찍하다. 담수화시설은 우리의 바다에 대한 전망, 전경을 망치는 거대한 시설인 셈이고 그들은 소음도 심하고 불쾌한 악취도 만들어낸다.

　태평양연구소의 피터 글리크는 담수화기술에 원칙적으로 반대하는 것은 아니나 「세계의 물, 2006~2007 *The World's Water, 2006~2007*」에서 담수화에 대한 상세한 보고서를 작성하고는 다음과 같이 결론지었다. "환경에 대한 영향과 엄청난 비용을 고려할 때

이 기술은 여전히 뭐라 결론짓기 힘든 꿈에 불과하고, 환경보존, 오염된 물, 에너지 효율, 지속가능한 농법, 인프라투자 등의 보전적·재생적인 접근 방식(soft path)보다 세계의 물 문제에 있어 더 나은 답을 주고 있지도 못하다." 존 아처는 같은 논조이나 더 직설적인 어투로 "해수담수화는 우리의 물 문제에 대한 해답이 아니다. 이는 우리의 실패를 자인하게 만드는 기술에 불과하다"라고 결론내렸다. 2007년 6월 전 세계 담수화시설에 대한 검토보고서에서 세계야생동물기금협회는 태평양연구소의 연구결과에 동의하면서 담수화가 세계적인 환경문제에 대한 위협이 되고 있으며 기후변화를 악화시킬 것이라고 했다. 또한 대규모의 담수화시설은 과거의 댐이 강과 습지를 훼손해 왔던 것과 같이 동일한 방식으로 환경문제를 일으킬 것이라고 경고했다.

실패한 정치가들

이쯤에서 우리는 '과연 담수가 고갈될 것인가?'에 대한 답을 알 수 있다. 지구상에는 제한된 양의 물이 존재하기 때문에 정답은 '그렇다'이다. 그럼에도 불구하고 인간들은 물을 고갈시키고 오염시키고 변형시킨 결과, 지구상에서 이용 가능한 맑은 물을 '빠른 속도로' 없애가고 있다. 담수의 위기는 기후변화만큼이나 지구와 인간에 대한 가장 큰 위협이 될 수 있는 문제이고 기후변화와도 깊이 연계되어 있다. 그러나 기후변화에 비하면 전혀 그 중요성이 인식되지 못하고 있다.

세계의 유용하고 맑은 담수는 세계 인구가 증가하고 있는 만큼이나 기하급수적으로 위험한 속도로 고갈되고 있다. 이는 마치 혜성이 지구와 충돌하려는 현상과도 같다. 만일 혜성이 지구 전체를 위협한다면 우리의 정치가들은 종교적·인종적 차이가 아무런 의미도 없음을 갑자기 발견하게 될 것이다. 그들은 전 인류의 위기에 대한 해결방안을 찾기 위해 재빠르게 협력할 것이다.

그러나 아주 예외적인 상황을 제외하고, 일반 시민들은 세계가 물 위기라는 혜성 충돌의 문제에 직면하고 있다는 사실을 알지 못하고, 정치가들은 물 위기에 대한 인식이 부족해 국민을 돕지 못하고 있는 상황이다. 물 위기는 주요 미디어에서도 소외되고 있고 간혹 보도될 때조차 국제적인 문제라기보다 지역적인 문제로 간주되고 있다. 물에 대한 정책은 물이 사회적 이슈가 된 나라들 중에서도 극히 일부 국가의 선거에서만 주요 쟁점이 되고 있다. 실제로 대부분의 국가에서 전 세계적 물 위기에 대한 정치적 반응은 그저 현실을 부인하느라 급급한 것이 전부다.

2006년 11월 호주의 전 수상인 존 하워드는 시드니에서 '1,000년 만에 가장 심각한 호주의 가뭄'에 대한 고위급 정상회담을 열었다. 그가 내린 결론은 농부들이 시골의 물을 도시에 팔도록 허용하는 것이었고, 그 결과 이미 말라가는 강에서 더 많은 물을 취수하고 도시에 공급하기 위해 습지에서 물을 빼내고 태즈메이니아로부터 더 많은 물을 실어오고 담수화시설 같은 기술을 더 연구해보는 것이 대안으로 제시되었다. 정부당국은 유역의 보전과 보호, 자연적인 물 순환 시스템을 재충전하는 것, 유해한 폐기물의 처리, 중국으로 수출되는 엄청난 양의 호주산(産) 물의 등에 대해서는 한 마디도 하지 않았다.

미국의 경우, 두 번의 부시정부 아래 환경에 대한 개인이나 사회의 책무는 엄청난 허풍인 것처럼 다루어졌다. 케네디의 열정이 담긴 저서『자연에 대한 범죄 *Crimes Against Nature*』에서 그는 부시행정부가 환경분야 입법의 400개 이상을 후퇴시켰고 환경에 대한 미국의 인식을 과거로 돌아가게 했다고 보고했다. 부시 자신은 자국의 물 위기를 심각하게 받아들이지 않았을 뿐 아니라 맑은 물과 안전한 식수 프로그램 등에 대한 예산을 깎고 사용이 금지되었던 화학물질과 유해물질의 사용을 재허용함으로써 맑은 물 법안을 훼손시켰다. 부시는 또한 국립공원에서의 벌목과 광산활동을 허용하여 원시성이 보전된 강과 호수를 파괴시켰다. 미국에서 물 관련 연구에 대한 지원은 30년 동안 정체 상태고 수질분야에 대한 예산지원도 지난 10년간 감소했다.

캐나다는 국가적인 물 관련 법안이 없고 자국의 지하수자원에 대한 목록도 가지고 있지 못하다. 캐나다 환경국의 2005년 보고서는 캐나다의 물 위기는 점점 악화되고 있는데 아무도 관심을 기울이지 않고 있다고 경고했다. 이 보고서는 캐나다에서의 물의 오염과 과도한 이용에 대한 개략적인 평가를 통해 연방정부는 물론 지역정부까지 이 문제에 대한 리더십이 전혀 없다고 지적했다. 캐나다는 수문학적 순환과정에서 물이 손실될 수밖에 없는 앨버타 지역에서 지하의 원유를 채굴하기 위해 엄청난 양의 물이 파괴되는 것을 내버려두고 있다.

유럽은 그래도 어느 정도 신중한 행동을 취하는 중이다. 2000년에 유럽위원회는 하천 유역의 협력적 관리를 토대로 한 유럽 전역의 물 보전, 개선, 감독을 시작하였다. 이 계획에 따르면 모든 유럽의 물은 2015년까지 '양호한 상태'를 달성해야만 하고 모든 유럽지역의 시민들은 맑은 식수에 대한 사용권을 지녀야 하며(현재 1억2,000만 명이 이러한 권리를 누리지 못하고 있다) 환경도 보존되어야 한다. 이러한 계획은 유역 보호를 위해 모든 지역이 국경을 초월해 협력할 것을 요구한다. 이 프로그램이 전 세계에서 가장 진보적인 사업이기는 하지만, 유럽의 정치적 실권을 쥐고 있는 국가들은 아직도 제3세계 국가에서는 수백만 명에 대한 맑은 물의 사용권을 부인하고 있다. 유럽의 계획과 진보적인 접근은 이들 국가들이 다른 대륙의 국가에 하고 있는 부분까지를 포함해야만 의미가 있다.

개발도상국의 정부들은 그들의 시민에게 물을 공급하기 위해 할 수 있는 모든 수단을 시도하고 있다. 그 결과 오염된 물에 대한 환경적인 위험성을 논의하려는 시도는 거의 없다. 대부분의 정부는 이 과정에서 세계은행이나 WTO로부터의 지원을 끌어들여 오히려 더 많은 환경 훼손을 야기하고 있다. 또한 대부분의 경우, 거대한 다국적 원유·임업·광산기업들이 국가의 물 관련 시스템을 파괴해도 이를 막을 만한 역량을 지니지 못했거나 심지어 이들 기업과 결탁하여 자국민을 압박하기도 한다. 대부분의 서구 선진국은 그들의 기업이 다른 가난한 나라에서 자연적인 물 시스템을 오염시키는 것에 대해 방관하며, 이러한 활동을 제재하는 입법안을 고려하는 것조차 거부하고 있다.

유엔과 EU, 세계은행은 개발도상국에 대한 물 회복 계획을 만들기는 했으나, 그 내용에는 유역과 해안을 죽게 하는 폐수를 줄이기 위한 계획은 빠져 있다. 개발도상국에서는 폐수의 90퍼센트가 여전히 처리되지 않고 배출되고 있다. 제3세계의 주요 대도시는 인프라 구조가 적절하지 못해 엄청난 양의 물이 이용 과정에서 새나가고 있다. 이들

지역의 물 50퍼센트 이상이 부실하게 건설된 관로시스템으로 인해 소실되고 있기 때문이다.

대부분의 부유한 나라는 제3세계가 이러한 문제에서 벗어날 수 있도록 자국과 관련된 채무를 면제해 주거나 최소한 재협상해 주려는 자세조차 취하지 않고 있다. 매년 지원의 형태나 무역거래를 통해 빈곤국으로 들어가는 돈보다 더 많은 돈이 빈곤국에서 부유한 국가로 채무를 갚기 위해 이동한다. 그러므로 물 위기를 완화하기 위한 중요한 계획에 있어 빈곤한 국가의 가난이나 이들 국가 간(빈곤국과 부유국) 채무관계에 따른 부담을 무시할 수는 없다.

또한 물 위기를 급속도로 악화시키는 보편적이고 해로운 농사기법에 맞서 이를 바꾸려고 노력하는 국가도 거의 없다. 대규모 산업형 농장은 엄청난 양의 비료를 만들어내고 항생제와 비료, 농약 등을 과도하게 사용하고 있으며 그 결과 이 모두가 물을 공급하는 수원지로 유입된다. 경작지에 물을 채우면서 하는 농업방식은 많은 국가에서 볼 수 있는 매우 흔한 농법으로, 이는 엄청난 양의 물을 소비한다. 중국은 관개 형태가 대부분 이 방식인데 이로 인해 사용되는 물의 80퍼센트 정도가 증발로 손실되고 있다. 이러한 방식의 관개는 사막화를 이끌고 토양을 과도하게 분쇄하여 바람에 의해 토양이 손실되게 하기도 한다. 그러나 산업형 농업에 주력하는 부유한 나라들뿐 아니라 세계은행과 WTO도 개발도상국에서 이러한 물의 손실과정을 권장하고 있다.

이들 국제기구와 강대국들은 시장경제주의라는 불변의 믿음으로 일관하며 기업에 의한 물의 남용과 과도한 사용에 대해 문제를 제기하지 않고 있다. 농업이 세계 물 사용량의 가장 큰 비중을 차지하고 있다고 알려져 왔으나 이는 옛이야기다. 산업화된 국가에서는 기업이 물 취수량의 59퍼센트를 사용하고 있고 개발도상국에서도 기업은 빠른 속도로 물 남용의 주범이 되고 있다. 예를 들어, 인도에서는 향후 10년간 기업의 물 사용량이 3배로 증가하게 될 것이다. 중국, 인도, 말레이시아, 브라질과 같은 국가는 앞으로 예측할 수 없는 수준으로 산업화가 이루어질 것이고, 물의 사용과 오용은 기하급수적으로 증가할 것이다. 그러나 극히 일부 정치가들만이 개발에 따른 물 위기 문제를 이해하고 다룰 수 있는 용기를 가지고 있는 것이 우리의 현실이다.

우리의 정치가들이 물 위기 문제를 논의하기에 역부족이라는 사실은 매일매일 명확해지고 있고, 물 위기에 대한 전반적 계획을 수립할 필요성은 매일매일 더 중요해지고 시급해지고 있다. 모든 국가와 국제기구가 함께 모여 물 위기에 대한 공동의 해결방안을 만들어야할 시점이다. 또한 물의 부족과 불평등한 사용권에 대한 문제를 다루기 위해 물의 보존과 물 정의를 위한 계획을 수립해야 할 시점도 바로 지금이다. 세계는 물 걱정 없는 미래를 실현하는 방법을 알고 있을 만큼 충분한 지식을 가지고 있다. 단지 정치적인 의지가 부족할 뿐이다.

우리의 정치가들은 빠른 기술적 해결방안을 전제로 한 잘못된 희망을 제시하고 있을 뿐 아니라, 고갈되고 있는 물 공급 문제의 미래에 대한 주요한 정책 결정권을 물 위기를 돈벌이와 권력 쟁취 수단으로 보고 있는 사기업과 다국적기업에게 넘겨주고 있다. 이들 모두는 물이 어디에 있는지 잘 알고 있다. 돈이 되는 것이라면 무작정 따르고 보는 자들이기 때문이다.

– 이봐, 마사이, 너는 민영화가 탄자니아의 경제상황을 바꿔줄 거라 생각해?
– 당연하지! 이 나라는 침체되어 있어. 자본이 없다면 우린 굶어죽고 말거야! 세상에는 돈 많은 사람들이 넘쳐나! 그들을 끌어들여 혜택을 보는 게 나아!
– 코러스: 돈이 필요해…….

_ 에보(마사이전사 출신 탄자니아 래퍼)
애덤스미스연구소와 세계은행이 공동 작사 · 연출한 공연 중에서

2. 물 사유화를 위한 무대 장치  수도민영화에 내몰린 개발도상국│세

계은행의 내막  세계은행, 세계적 합의를 조작하다│유엔│WTO│세계

지속가능발전기업협의회│공공-민간 기반시설 자문기구, 물 위생 프로그램,

미국 국제개발처│세계물파트너십│세계물위원회│국제물기업연합│

NGO  국제 회담, 민영화를 구체화하다│2000년 3월 헤이그, 두 번

째 세계물포럼│2002년 8월 요하네스버그, 세계지속가능발전정상회의│

2003년 3월 교토, 세 번째 세계물포럼│2006년 3월 멕시코시티, 네 번째

세계물포럼│처참히 실패한 수도민영화  막대한 이윤을 챙긴 거대 물

기업

02

물 사유화를 위한 무대 장치

전 세계적인 물 부족 사태에 대한 이해와 그에 관련한 자료들이 발간되어 대중의 관심을 끌게 된 것은 최근인 반면, 어떤 이들은 점점 줄어드는 세계의 수자원에 수십 년 동안 관심을 갖고 물과 관련된 모든 분야에서 조용히 세력의 범위를 넓혀왔다. 사기업은 깨끗한 물이 전 세계적으로 고갈되고 있으며 이 물을 지배하는 사람이 권력과 부를 거머쥘 수 있다는 사실을 잘 알고 있다.

물론, 전통적으로 물은 공공재로 인식되어 왔다. 그러나 강력한 물 기업들이 자원 탐사, 생산, 공급의 모든 부분을 조정할 수 있는 카르텔을 형성함에 따라, 담수공급은 가능한 모든 방법을 통해 민영화되고 있다.

수익을 목적으로 물사업을 하는 기업들은 이제 세계 곳곳에서 상하수도 서비스를 담당하고 있고 생수를 대량으로 생산하며 산업형 농업, 광업, 에너지 생산, 컴퓨터, 자동차 등의 물 집약적 산업에서 사용되는 막대한 양의 물을 지배하고 있다. 또한, 댐, 수도관, 나노기술, 정수장치와 정부가 물 부족을 해결할 수 있는 방안이라 기대하고 있는 해수담수화 공장을 소유 및 운영하고 있다. 낡은 상수도 시설을 대체할 제반기술을 제공하고 가상적 물 교역을 관리하며 다량의 물 비축분을 소유하기 위하여 지하수에 대한 권리와 모든 수역권을 사들이는 것도 기업이다. 그들은 향후 수년간 급격한 이익 증가를 도모하기 위하여 그 지분을 거래하기도 한다.

이 모든 개발은 상당히 최근에 일어났다. 30년 전에는 단지 소수의 최상류층 사람들만이 병에 담긴 광천수를 마셨다. 그 때는 물과 관련한 기술이 초기 단계였으며 많은 지역에 한꺼번에 물을 공급할 수 있는 수도관이 거의 존재하지 않았었다. 산업화된 국가에서는 대부분의 수도공급이 국가 소유의 공공시설을 통해 제공되었으며 현재에도 그러하다. 반면 개발도상국의 대다수 사람들은 여전히 지역의 강과 호수, 우물에서 식수를 공급받으며 비도시지역에서 살고 있다. 그 당시만 하더라도 누구도 물이 가솔린보다 비싸지고 주식처럼 그 지분이 거래될 것이라고 상상할 수 없었다.

선진국에서는 정부의 수도 공급이 정치적 안정과 경제적 평등을 유발하였으며 이는 산업시대 위대한 진보의 필수적 동력이었다. 19세기 후반과 20세기 초에 걸쳐 호주 유럽 및 북아메리카 지역의 산업화된 국가들(나중에 일본도 포함)은 국민건강을 보호하고 국가경제의 발전을 도모하기 위하여 전국에 상하수도 공공서비스를 채택하였다. 공영체제는 지방자치단체가 사기업보다 더 나은 조건으로 장기간 대출을 받도록 허용하는 동시에 지역주민의 증가에 따라 수도 사업을 확대해 나가는 것을 허용하였다. 몇몇 나라를 제외하고 선진국은 여전히 상하수도 공공서비스를 제공하고 있으며 이에 대해 자부심을 가지고 있다.

프랑스는 주목할 만한 예외였다. 1800년대 후반부터 민간 수도사업의 창립을 격려하여, 지금의 수에즈(Suez)로 명칭이 바뀐 리요네즈데조, 비방디(Vivendi)로 명칭이 바뀐 제네랄데조, 그리고 베올리아(Veolia) 등이 탄생했다. 이 기업들은 수도민영화 추진 기회를 활용할 준비를 완벽하게 갖출 수 있었고, 세계에서 가장 영향력 있는 다국적 물기업으로 성장할 수 있었다. 그러나 국제공공노련(PSI)에서 지적했듯이, 프랑스에서도 상하수도 시설의 건축과 확장에 국가의 재정이 투입되었다.

개발도상국의 경우는 선진국의 그것과 매우 다르다. 선진국과 달리 아프리카와 아시아, 라틴아메리카 지역에서는 식민지 유산으로 상류집단에 속한 소수를 위한 상수도시설이 있었을 뿐, 상하수도사업이 매우 뒤떨어져 있는 상태였다. 그 결과로 수백만 명의 도시빈민층에게는 상하수도 서비스가 제공되지 않았으며 위생과 관련한 심각한 질병들이 발생하였다. 제3세계에서 많은 사람들이 지방에서 급성장하는 대도시로 이주함에 따라 이러한 현상은 지난 30년 동안 악화되었다. 대도시로의 이주 현상은 지표수의 오염 증가와 맞물려 상수도시설에 대한 수요를 발생시켰으나 그 수요는 이미 빈곤과 부채 증가로 무력해진 정부가 채워줄 수 없는 수준이었다.

1980년대 초에 이르러 이와 관련한 주요 문제들이 발생하기 시작한 것은 당연한 결과다. 그에 따라 유엔은 1980년대를 '국제 식수 공급과 위생에 대한 10년'으로 선포하고 선진국의 모델을 기준으로 개발도상국의 물 공급을 위한 목표를 세웠다. 그러나 10년 계획의 끝에 이르러서, 개발도상국을 위한 공공모델은 사라지고 유럽의 민영 수도사업 기업들에게 이익이 돌아가는 민영모델로 바뀌게 되었다. 이는 우연한 결과가 아니었다. 개발도상국에 대한 물 민영화는 처음부터 세계 최강의 권력을 쥔 자들이 계획하고 실행한 것이었다.

수도민영화에 내몰린 개발도상국

수도민영화는 시장주의에 입각한 신자유주의적 이데올로기에서 그 시발점을 찾을 수 있다. 이 이데올로기는 마가렛 대처가 정권을 잡았을 때 처음 등장하였으며, 미국에서는 로널드 레이건이 대통령으로 집권할 당시 공산주의에 대한 주요 대응책으로 채택되었다. 1970년대 후반에 이르러서 자유시장경제가 개발도상국을 비롯한 모든 국가의 유일한 경제체제로 선택될 것이라는 믿음에 입각해 전 세계는 이 체제를 받아들일 준비를 끝냈다. 선진국은 외국투자 규제를 멈추고 자유무역을 실시하였으며 내부경제의 규제를 철폐하고 공공서비스와 시설을 민영화하여 직접 경쟁에 뛰어들었다. 곧, 워싱턴합의(Washington Consensus)는 수자원개발에 참여하고 있는 국제기관들, 즉 세계은행과 IMF, 유엔을 움직이고 있는 엘리트들에게 길잡이가 되었다.

1989년 영국 전 수상 대처가 지역 공공수자원에 대한 권리를 민영화하여 사기업에게 헐값에 넘겼다. 앤 크리스틴 홀란드가 그녀의 저서 『물 비즈니스 *The Water Business*』에서 설명했듯이, 이 매각에는 문화적·자연적 자산과 함께 많은 소유권이 포함되어 있었다. 실제로 사기업들은 건물을 포함한 모든 기반시설을 소유하게 되었다. 그들은 마음대로 가격을 정하고 직원을 해고하며 원하는 만큼의 이윤을 창출할 수 있는 자유재량권을 부여받았을 뿐만 아니라 25년 동안 경쟁 없이 상수도 시설을 운영할 수 있는 허가서를 받았다.

수천 명의 직원이 해고당했으며 물의 가격이 급격히 치솟아서 민영화를 시작한 첫 10년 동안 세전 이익이 147퍼센트나 증가하였다. 수백만 명의 사람들이 수도세를 내지 못하여 수도공급이 끊겼으며, 이러한 현상은 1997년에 총리로 선출된 토니 블레어가 그런 행위를 금지시킬 때까지 계속되었다(하지만 2007년 1월, 영국 정부는 물 부족 지역에서의 수량계 의무 사용을 발표하였다. 이 새로운 규칙은 1,900만 명에게 영향을 끼칠 것이다).

영국의 수도민영화가 명백하게 실패했음에도 불구하고 개발도상국에는 대부분의 선진국이 채택하고 있는 수도사업 공공모델이 아닌, 실패한 민영화모델이 수출되었다. 수도민영화의 선두자리를 지키면서 대처 수상은 수에즈와 베올리아를 따라 국제시장에 뛰어들 준비가 되어있는 민영 물기업의 탄생을 도왔다. 그 중에서 가장 두드러진 회사는 템스워터(Thames Water)로, 2002년에 독일의 거대 에너지 기업인 RWE에 매각되어 세계에서 세 번째로 큰 물기업인 'RWE템스'가 되었다.

이에 앞서, 1980년대 세계은행은 워싱턴합의에 제시된 경제모델을 채택하도록 하는 새로운 개발정책을 실행하기 위해 개발도상국을 위한 국가발전 정책을 중단하기 시작했다. 대부분의 저소득 국가들은 낮은 이자율에 대출을 받았지만 이자율이 증가하면서 더 이상 부채상환 기간을 지킬 수 없게 되었다. 세계은행은 구조조정 계획을 시행한다는 조건 하에 부채상환을 하기 힘들 것 같은 국가의 차관에 대해 재협상할 것을 약속하였다. 그 구조조정 계획은 채무국이 의료, 교육, 전력, 교통 등과 같은 주요 공공사업을 민영화하고, 공공기업과 시설을 매각할 것을 요구하는 것이었다(이런 엄청난 희생에도 불구하고, 제3세계의 빚은 1980년부터 400퍼센트 증가했다).

상하수도 서비스가 민영화의 목표물이 되기 전까지 부채상환은 단지 시간문제에 불과했다. 1990년대 초에 이르러서, 세계은행과 IMF, 그리고 아시아개발은행, 아프리카개발은행, 미주개발은행과 같은 지역개발은행들은 저소득 국가들로 하여금 상수도시설 운영을 이윤추구가 목적인 유럽의 거대 물기업에 맡기도록 조장하였다. 국가가 상수도체계를 공공과 민영 중 하나를 스스로 선택할 수 있는 힘은 점차 줄어들었으며 2006년에 이르러서는 물과 관련한 대출의 대부분은 민영화를 조건으로 하고 있다. 국제공공노련의 발표에 따르면 50년 동안 아프리카와 아시아, 남아메리카에서는 다국적 물기업에서 물을 구매한 소비자가 800퍼센트 증가했다

세계은행의 내막

선진국들은 세계은행을 조정하고 세계은행에 투자한 금액에 비례한 투표권을 행사한다. 그에 따라 미국(일본, 독일, 영국, 프랑스가 그

뒤를 따른다)이 한 해에 약 200억 달러를 어느 개발도상국에 대출할지와 대출을 받을 수 있는 필수조건을 결정할 권리를 선점하고 있다. 상하수도와 관련한 기금은 한해에만 총액이 30억 달러에 달한다. 세계은행은 선진국을 위하여 개발도상국 시장을 여는 데 그 영향력을 사용한다. 세계은행 협정문은 실제로 주요 목표가 민간투자의 촉진이라고 명시하고 있다(미국 재무부의 한 고위관료가 의회에서 계약상 세계은행에 미국이 투자한 매 1달러가 미국기업에게 1.3달러로 돌아온다고 자랑한 것은 이미 유명한 이야기다).

1993년 이전에는 수도민영화 촉진이 하나의 선택사항이었지만, 이후에 세계은행은 「수자원관리 *Water Resources Management*」 정책보고서를 채택하였다. 이 보고서는 수도 사용료 지불을 거부하는 빈민에 대해 언급하고 효율성과 금융 규제, 총비용 회수 등을 강조하며 물을 경제상품으로 다루어야 한다고 제시하였다(이는 기업들이 투자한 비용을 회수하기 위해서 뿐만 아니라 투자자들을 위한 이익을 창출하기 위해서 물의 가격을 충분히 높게 책정할 수 있다는 원리다). 민영화모델을 채택하기 위하여 공공사업을 위한 대출은 거부되는 빈도가 높아졌으며 세계은행은 1990년과 2006년 사이에 개발도상국에서 행해지는 300개 이상의 민간 물 프로젝트에 투자했다.

수도민영화에는 기본적으로 3가지 방식이 있다. 첫 번째, '이권계약'은 사기업에게 수도시설 운영권을 넘겨주고 이윤을 위해 소비자들에게 요금을 부과할 권리를 주는 것이다. 사기업이 상하수도관을 가정까지 연결하고 새로 건설하는 등, 모든 투자에 대한 책임을 맡고 있다. 영국의 민영화모델의 경우 모든 시설이 공적 부담을 통해 팔렸다는 점에서는 다르지만 이 역시 이권계약의 한 예라 할 수 있다. 인도에서의 민영화는 이권계약의 극단적 형태로, 수계(river system) 전체를 사기업에게 임대하였으며 그 기업들은 정부의 어떠한 간섭도 받지 않고 이익 창출을 목적으로 운용한다. 두 번째 방식인 '임대계약'의 경우 회사가 수도시설을 운영하고 현재의 자산을 복구하고 갱신하는 데 필요한 투자에 대한 책임을 진다. 이권계약과 달리 여전히 지방 정부는 새로운 투자에 대한 의무를 지니고 있다. 마지막으로 '경영관리계약' 하에서 사기업들은 단지 수도공급을 관리할 의무를 지닐 뿐 투자는 하지 않는다.

세계개발운동이 지적하였듯이, 세계은행은 '민영화'라는 용어를 공공자산을 완전히 매각하였을 때만 사용하고 '사기업의 참여'나 '공공–민간 파트너십' 같은 정치적으로 덜 민감한 어휘들을 선호한다. 이 어휘들은 최근 임대나 경영관리계약 방식에 따른 민영화 사업을 기술할 때 더 많이 사용되고 있다. 파트너십이라는 말은 민주주의와 책임공유의 느낌을 갖게 한다. 그러나 이 계약들은 모두 민영화의 개념으로 이해되어야 한다. 사기업의 이윤과 관련되어 있고 그들의 '상품'에 돈을 지불하지 못하는 사람에게는 공급을 중단하기 때문이다. 마찬가지로 정부와 지역사회 '파트너', 즉 문제의 지역에 살고 있는 주민들은 파트너십이라 불리는 과정이 실패할 경우에 대한 어떠한 대안도 가지고 있지 않다. 그러나 기업은 더 이상의 이윤을 취할 수 없게 되면, 지금도 종종 그러는 것처럼, 파트너십을 버리고 떠나면 그만이다.

세계은행은 다양한 기관을 통해 개발도상국에서 민간 상수도 서비스를 촉진한다. 예를 들면 국제부흥개발은행과 국제개발협회는 저소득국가가 민영모델을 채택했는지에 따라 돈을 빌려준다. 국제금융공사와 국제투자보증기구는 개인투자자들에게 저소득 국가의 물 분야 사업에 투자할 것을 독려하며, 정치적 저항과 같은 모든 투자 위험요소들을 방지할 수단을 강구한다. 국제투자분쟁조정센터(ICSID)는 계약을 파기하려는 정부를 사기업들이 고소할 때 사용하는 중재재판소다. 2007년 4월, '식량과 물 감시단(Food and Water Watch)'의 보고서 「기업투자 지배의 문제 *Challenging Corporate Investor Rule*」에 따르면 약 70퍼센트의 ICSID 판례가 투자자들에게 유리한 판결을 내리고 투자 실패에 따른 배상금을 지급하였다. 적어도 7개 사례에서 투자자들의 수익이 고소당한 국가의 국내총생산(GDP)을 초과하는 것으로 나타났다.

제3세계의 여러 나라는 '당근과 채찍' 등 다양한 메커니즘을 통해 수도민영화 모델을 제안받았다(부채경감과 기금이 '당근'으로, 원조 중단과 같은 무언의 위협이 '채찍'으로 작용하였다). 많은 경우, 세계은행, 기업, 개별 국가 사이에 검토 중인 협약은 대부분 완전히 비밀에 부쳐지며, 거래에 대한 사항은 시민들에게 공개되지 않는다. 1990년대 내내 초점은 기업을 위한 총비용 회수에 맞춰졌다. 미국 시민단체인 퍼블릭시티즌은 2003년에 이르러서 대출의 99퍼센트가 사기업을 위한 총비용 회수를 촉진시켰다고 보고하였다.

수도민영화는 세계은행의 「빈곤 감소 전략 보고서 *Poverty Reduction Strategy Paper: PRSP*」의 주요사항이 되었다. 이 보고서는 유엔의 새천년개발목표와 개발도상국에 국제원조를 제공하는 기본협정을 달성하기 위한 주된 전략과 이행수단을 담고 있다. 국가가 최빈국부채경감구상을 통해 부채경감을 하려면 PRSP를 반드시 이행해야만 한다. 의료, 교육 수도공급과 같은 공공서비스나 빈곤퇴치에 지원금을 사용하지 않을 것이라는 약속과, 신자유주의시장 채택에 대한 동의가 주요 골자다. PRSP를 통해 개발도상국은 공기업과 공공시설을 매각할 뿐만 아니라, 거시경제정책과 외국의 직접투자 도입에 따른 경제성장을 촉진하는 데 동의한다. 세계개발운동은 2005년 상반기에 세계은행이 승인한 50개의 PRSP를 연구한 결과 이를 수행하는 국가 중 90퍼센트가 민영화 확대를 약속하였으며, 특히 62퍼센트가 수도민영화를 약속한 것으로 밝혀졌다. 아시아개발은행, 아프리카개발은행, 미주개발은행과 같은 지역개발은행들은 세계은행과 같은 방식으로 수도민영화를 촉진하며 비슷한 정책을 따르고 있다.

세계은행, 세계적 합의를 조작하다

세계은행을 비롯한 세계적 금융기관들이 어떻게 제3세계에 새로운 수도공급 모델을 강요하게 되었는지는 매우 중요한 내용이다. 세계은행을 지배하고 있는 대부분의 선진국이 여전히 공공수도사업을 중시하며, 이를 포기할 의사가 전혀 없다는 사실을 저소득 국가도 간과하지 않았다. 게다가 대부분의 저소득 국가는 이미 구조조정정책과 공중보건 및 교육프로그램의 포기를 강요받는 등 혹독한 시련을 겪었다. 심각한 물 부족 사태를 겪고 있는 사람들에게 대규모 민영화모델을 성공적으로 팔아넘기기 위해서는 매우 조직적인 계획이 필요했다. 이런 계획에는 주로 목표물로 설정된 국가의 최상류층 사람들이 밀접하게 연관되어 있다.

미네소타대학교의 사회학자 마이클 골드만은 세계은행과 거대 물 기업들이 선진국과 개발도상국을 가리지 않고 NGO, 전문가집단, 정부관료, 미디어, 그리고 사기업을 대상으로 활발한 매수 시도를 하면서 상대적으로 짧은 시간 동안 물 정책 변경을 촉진한 방법에 대해 분석하였다. 먼저 세계은행연구소가 자체 물 정책 능력 배양 프로그램을 통해서 수천 명의 국회의원과 정책입안자, 기술전문가, 언론인, 교사, 학생, 시민단체 지도자, 제3세계 상류인사들을 수도민영화에 대한 집중적인 프로그램에 참여시켰고, 이어 이 '전문가'들이 자국으로 돌아가 그들의 정부에 수도 민영화모델을 촉진하도록 하였다(경제의 글로벌화가 선진국 내에서 '제3세계' 계층을 발생시켰을 뿐만 아니라, 개발도상국들 내에서 '제1세계' 계층이 생겨나게 하였다는 점은 주목할 필요가 있다. 이들 계층은 자국민들과 같은 입장에 있기보다, 다른 부류의 국가에 사는 동일 계층과 더 많은 유사점을 갖고 있는 자들이다).

세계를 지배하고 있는 계층의 '조작된 동의'를 얻기 위하여 직업과 돈, 계획에 대한 좋은 조건들이 제시되었다. 골드만이 말하길, 1990년대 중반부터 빈곤 완화라는 명목으로 수도민영화가 세계은행의 신자유주의적 주요 환경사업으로 다루어졌다. 세계은행은 수자원 민영화 미래에 대한 세계적인 합의를 이끌어내기 위하여 '다국적 수자원 정책을 위한 엘리트 네트워크'를 양성했다. 특수한 환경과 풍부한 기금을 보장받은 이 네트워크 구성원들이 모든 정책분야를 장악했는데, 이들이 아니라면, 누가 이처럼 비용이 많이 드는 국제 포럼에 참가할 수 있고 전 세계의 확실한 통계자료를 거리낌 없이 말할 수 있으며 수자원에 관한 영향력 있는 토론회에 참석할 수 있는지 골드만은 물었다.

그들의 공통된 인식은 다음과 같다. 부채와 빈곤은 문제가 되지 않으며 제3세계의 퇴보한 수도시설의 주요 문제점은 비효율성과 부패한 정부다. 이들 정부는 물의 실제 가치를 가격에 반영하지 않아 물을 보호하지 못했고, 그 결과 국민들이 물을 마구 낭비하도록 만들었다. 빈곤층은 무책임한 정부 때문에 물을 공급받지 못하는 사태의 계속적인 반복으로 고통받고 있다. 세계은행과 사기업체들은 단지 빈곤 경감과 생태적 지속가능성, 사회정의에 대한 윤리적 의무를 수행할 뿐이다. 실제로 이러한 프로젝트는 빚에 허덕이는 공공기관들을 기꺼이 도울 의사가 있는 외국 기업들이, 세계은행이 목표한 원조, 기술이전 등의 자선신탁을 달성함으로써 이에 의한 구제금융의 형태로 이루어졌다(그러나 2003년까지, 전 세계 지역공동체가 이에 대한 강한 저항을 일으키면서 이러한 이타적 경향은 바뀌게 되었다. 이제 거대 물기업들은 보증된 글로벌융자를 통한 비용 부담의 동의가 없다면 제3세계의 대부분을 방치할 것이라고 세계은행에게 말하고 있다).

선진국의 정부와 사기업, 학계에 있는 엘리트들은 저조한 개발과 부패에 발목이 잡힌 제3세계의 정부들이 해낼 수 없는 일들을 선진국형 자본주의가 해결할 거라고 주장한다. 독선으로 똘똘 뭉친 세계은행은 빈곤국들이 수도민영화가 아닌 공영화를 위한 자금을 필요로 할 경우 양심에 거리낌 없이 이를 거절할 수 있다. 설득이 실패할 경우, 거대 물기업을 받아들이거나 기금을 포기하는 것 둘 중에서 선택하는, 조건 제한이라는 '채찍'을 사용한다.

유엔

세계은행과 거대 물기업들은 개발도상국의 수도민영화를 실질적으로 성공시키기 위하여 유엔의 지지를 얻어야만 했으며 그들의 협의사항을 진척시키기 위하여 허울뿐인 국제협회들을 세웠다. 1992년 1월, 100개국 정부관료 및 NGO가 참석한 중요한 유엔 회의가 더블린에서 개최되었다. 이 회의는 물을 '경쟁적 사용'에 따라 '경제적 가치'가 있으므로 '경제재'로 인식해야 한다고 선언했다. 참석자들은 물을 공짜로 사용하기 때문에 물 낭비 사태에 이르렀으며, 이러한 낭비를 막기 위해서는 어떤 형태로든 사용료를 지불하게 할 필요가 있다는 데 동의하였다. 하지만 개발도상국보다 선진국에서의 물 낭비 현상이 만연하다는 사실에 대한 공식적인 인정은 하지 않았다. 비판과 새로운 가격 제도는 모두 개발도상국만을 대상으로 하고 있었다. 유엔 회의와 선언에서 물이 경제재로 묘사된 것은 이때가 처음이었다. 그러나 이것이 결코 마지막은 아니었다.

더블린 회의 후, 코피 아난 사무총장 하에 유엔은 여러 방식으로 수도사업에 민영기업이 참여하는 것을 촉진하였다. 유엔세계협약 (UNGC)은 기업이 자발적인 인권과 환경기준을 채택하도록 촉진하는 협약인데, 수에즈와 베올리아 모두 UNGC의 창립위원이다. 이 협약을 통해 심각한 인권 및 환경 문제를 일으킨 쉘(Shell Oil)과 나이키 같은 회사들의 홍보활동을 유엔이 승인하자, 사람들은 이를 돈세탁을 뜻하는 그린워싱(green washing)에 빗대어 '블루워싱(blue washing)'이라며 강하게 비판하였다. 2000년 7월 UNGC 창립식 때, 아난 사무총장은 유엔이 '자유무역과 세계 개방시장'을 지원하는 불가피한 결정을 하였으며 여기에 있어 유엔이 어떠한 기준을 강요할 방안이 없다는 사실을 시인하였다.

2002년 10월에 수자원에 대한 법률 체계에 관한 유네스코회의가 열렸는데, 베올리아와 수에즈가 자금을 제공하였고 그 결과로 보고서에 유엔과 두 물기업의 로고가 함께 실렸다. 같은 해에 수에즈는 40만 달러를 네덜란드의 델프드기술대학교에 위치한 유네스코의 수자원 연구기관에 지원했다. 이 비용의 일부는 공공사업과 민영사업의 관계를 연구하는 석좌교수를 지원하는 데 들어갔다. 그 자금을 통해 교과과정의 기획과 그 연구기관에서 가르치는 석사과정의 수자원 경영프로그램에의 깊은 관여 등 직접적인 지배력을 수에즈가 가지게 되었다. 또한 수에즈는 모로코의 카사블랑카에서 열린 통합수자원관리에 대한 유네스코 석좌 심포지엄에 투자하였다. 수에즈 수자원국의 전 CEO인 제라드 페인은 '유엔 물과 위생 자문기구'의 회원이기도 하다. 2000년 9월에 열린 유엔총회에서 세워진 새천년개발목표가 다국적기업의 깊은 관여로 인해 시작부터 문제가 있었다는 점은 놀랄만한 일도 아니다. 안전한 식수와 하수시설 없이 살아가는 사람들의 비율을 절반으로 줄인다는 새천년개발목표의 담수 관련 취지는 이전보다 훨씬 더 희미해지고 있다.

WTO

1995년 재화, 식료품, 특허권, 지적재산권, 용역 등에 관련한 국제 무역협정들을 관리하기 위해 세계무역기구(WTO)가 창설되었다. WTO는 정부의 권력을 제한하고 다국적기업의 거래 기회를 늘리기 위한 목적으로 광범위한 규정을 행사한다. 관세와 무역에 관한 일반 협정(GATT)의 규정 아래 물은 재화로 분류되어 어떤 이유로든 수출 규제를 하는 것이 금지되어 있으며 수출입에 있어서 수량 제한도 없다. 예를 들면 한 국가가 상업적으로 물 수출을 시작하면 환경 우려에 따른 사업 변경이나 자국 영토에서 물이 유출되는 것에 대한 규제를 전혀 할 수 없다. 이는 물 수출이나 수도관 건설과 관련된 기업들에게는 매우 유용한 사항이다.

마찬가지로 WTO는 '서비스 거래에 관한 일반협정(GATS)'이라는 새로운 야심작에 투자하기 시작했다. 이는 모든 WTO 회원국의 서비스 부문 자유화를 실시하여 정부에 의해서만 통제되었던 분야에 사유 경쟁을 허용하기 위한 명백한 목표 하에 세워진 협정이다. 환경서비스, 폐수처리, 정화시설, 수도관 건설, 지하수 평가, 관개와 물수송 서비스 등 12가지의 수자원 서비스가 이미 GATS에 포함되었다. 정부는 더 이상 공공분야 규제 아래에 이 분야들을 두거나 이 서비스들의 비영리 공급을 장려할 수 없다. 또한 모든 무역 거래에 관한 국제적 규제 기준을 만들기 위한 WTO의 '현명한 규제(Smart Regulation)' 절차에 따라 이 분야에 종사하는 기업들은 원조를 받는다. WTO는 Smart의 각 이니셜이 특정한(Specific), 측정 가능한(Measurable), 이룰 수 있는(Attainable), 현실적인(Realistic), 시기적절한(Timely)

을 의미한다고 언급하였다. 하지만 현실적으로 이는 기업들에게 필요한 발의로, 최소한의 규제와 가장 낮은 공통기준, 그리고 사업을 위한 공평한 경쟁의 장을 만들어내기 위한 것이다.

최근 GATS에 식수를 포함하자는 WTO 제안서가 하나 나왔는데, 이는 어떤 지방 당국이 수도공급의 민영화체제를 시도하기로 결정하면 WTO의 150개 나라 모두가 만장일치로 동의하지 않는 한 공공수도서비스로 복귀하거나 다시 결정을 바꾸는 것을 허용하지 않는다는 내용이다.

세계지속가능발전기업협의회

세계은행은 물기업들 외에 강력한 기업연합도 필요했다. 세계지속가능발전기업협의회(WBCSD)는 50개 이상의 국가와 지역 기업협의회, 그리고 180개 회사들의 기업로비 네트워크로서, 다국적 물 정책 네트워크의 주요 단체가 되었다. 이 협의회는 1992년에 설립되어 그해의 리우 세계정상회담 결과에 영향을 주고 기업 간 국제 거래에 대한 국제 규제안를 제출하는 시도들에 반대 권한을 충실히 이행하였다. 그리고 회담에서 도출된 많은 결정을 완화시켜 기업들로부터 커다란 신용을 얻었다. 국제상공회의소와 협력하여 WBCSD는 리우회담의 의제21 문서에서 강제적 환경규제들을 완전히 제거하는 사항에 영향을 주고 회사의 자율에 초점을 맞추는 데 성공하였다.

1997년, WBCSD는 수자원 관련 실무자 그룹을 형성하였는데, 물에 관한 전 세계 정책에 영향을 미치기 위해 수도사업뿐만 아니라, 광산, 석유, 가스, 식품 및 음료, 자금과 설비 등과 관련한 기업들을 모두 포함시켰다. 이 실무자 그룹은 2002년에 개최된 세계지속가능발전정상회의(WSSD)에서 중요하면서도 부정적인 역할을 수행하였으며, 「빈민을 위한 물 *Water for the Poor*」이라는 보고서를 발표하였다. 이 보고서는 물 공급 민영화를 가속화시키고 사기업들의 총비용을 회수해줄 것을 요구하는 내용을 담고 있다. 이 보고서는 공개적으로 다음과 같이 말한다. "빈민층에게 물을 공급하는 것은 기업에게는 하나의 기회다. 새로운 수도관, 펌프, 측정장치, 감시장치, 청구료와 기록 유지 장치는 수도 기반시설을 확장하고 현대화하는 데 필요하다. …… 이 프로그램은 규모와 상관없이 모든 기업들에게 어마어마한 매출 기회 및 고용 창출의 가능성을 제공한다." 2006년에 WBCSD는 수자원이 부족한 세계 시장에서의 기업 적응력을 다룬 「물 세계에서의 비즈니스 *Business in the World of Water*」라는 향후 시나리오를 시리즈로 발간하였다.

공공-민간 기반시설 자문기구, 물 위생 프로그램, 미국 국제개발처

물 개발에 대한 해외원조가 수도 민영화모델로 편중되도록 하기 위해서 세계은행은 부유한 국가들의 국제개발처 지원이 필요했다. 1999년, 세계은행과 영국 국제개발국이 함께 공공-민간 기반시설 자문기구(PPIAF)를 설립하였다. PPIAF는 물사업에 대한 지원금 사용에 민간분야의 참여를 촉진하고, 시민들과 정부 구성원들이 수도민영화에 대한 합의를 도출하도록 개발도상국에 컨설턴트를 보내주는 역할을 한다. 영국 정부에 보내는 초기 메모에서 그들은 정부가 그간의 역할을 바꾸도록 하는 것이 새로운 기구의 업무라고 설명했다. 즉, 더 이상 정부가 직접 물 서비스를 제공하지 않고 대신 민영공급자들 간의 경쟁을 촉진하는 새로운 사업을 주도하며 경쟁이 약한 곳을 규제하고 민간분야를 두루 지지하여야 한다는 것이다. 세계은행이 계획하고 직접 운영하는 이 프로젝트와 관련하여 일본과 캐나다, 프랑스, 독일, 이탈리아, 네덜란드, 노르웨이, 스웨덴, 스위스, 미국, 아시아개발은행이 영국과 협력하였다. 오스트리아와 호주는 조만간 참여할 예정이다.

2006년 11월 보고서 「유출감소 *Down the Drain*」에서, 노르웨이의 국제물산림연구연합(FIVAS)과 영국의 세계개발운동이라는 두 주요 NGO가 지난 17년간 이 기관이 행한 역할에 대하여 설명하였다. PPIAF의 컨설턴트들은 가난한 국가의 정부가 사기업을 끌어들이고 세계은행의 지원을 확보하기 위해 필요한 국내법과 정책 제도, 규제 변경을 하는 데 자문을 해준다. 이들은 민영화가 잘 시행되고 있지 않은 부분을 구해내거나 수도민영화에 필요한 합의를 도출하는 데 동원되기도 한다. 예를 들면, 2000년대 초반 수도민영화에 대한 비판 증가에 대응하여, PPIAF는 '아프리카의 물 문제에 대한 언론보도를 증가시키고, 이 보도의 질과 목적성을 향상시키기 위한' 아프리카 9개국의 저널리스트가 참여한 한 프로그램을 지원하였다.

FIVAS와 세계개발운동은 37개 저소득 국가의 친민영화 계획에 1,900만 달러에 가까운 비용을 지원하고 있는 이 기관의 업무가 투명하지 않고 편향된 논리를 내세우며 공공분야 채택을 거부하고 합법적인 이의제기를 억누르며 개발도상국에게 선진국의 컨설팅 회사들과 물기업들의 이익을 강요한다는 점을 지적하였다.

'물 위생 프로그램(WSP)'은 세계은행, 유엔, 선진국 기관의 또 다른 지원 체제로서 유엔개발계획(UNDP)에서 발전해왔다. UNDP는 민간분야와 활동하면서 개발도상국에서 '광범위한 개선을 위한 법적 규제와 구조변화를 위하여' 세계은행과 함께 수동펌프나 수도 없는 변소와 같은 오래된 물 공급 기술을 특정 파트너에게 제공하였다. 빌&멜린다 게이츠 재단이 3,000만 달러를 이 기금에 기증한 2006년에 WSP는 엄청난 홍보 효과를 얻었다. WSP는 아프리카에서 공공-민간 파트너십을 촉진하는 수도사업 파트너십을 지지하고, 아프리카 국가들이 기금 지원의 선행 조건인 수자원 부문 민영화에 더 활발히 참여하도록 연속적인 정부 세미나를 주최하였다.

PPIAF는 미국의 유사 기관인 미국국제개발처(UNAID)와 협력하였다. USAID는 미국의 외국정책을 개발도상국에 제시하는 데 구호 자금을 사용하며 이 기관의 주요 목표는 자유시장을 통한 민주주의의 확산이다. UNAID는 공공연하게 개발도상국에서 민영 수도공급을 지원하며 인도와 남아메리카, 아프리카의 많은 민영화 프로젝트의 배후 역할을 하고 있다. 국제공공노련의 발표에 따르면 2002년 3월, 여러 민간 수도회사들이 남아프리카와 나이지리아, 우간다의 상하수도 시설을 촉진하기 위한 목적으로 '물과 위생을 위한 아프리카파트너'라는 새 아프리카 단체를 구성하였다. 이 새로운 그룹은 그 국가들의 정치인들에게 민영화만이 최선의 선택이라는 점을 확신시키기 위하여 미국 컨설팅회사인 PADCO의 보고서를 인용하였다. 이 보고서는 USAID의 재정지원으로 만들어졌다.

세계물파트너십

1996년 2개의 영향력 있는 세계적인 수자원 연구기관이 새로 생겼다. 수도민영화 모델을 통합하고 다국적 물 정책 네트워크의 모든 회원들이 함께 일할 수 있는 공간을 마련하기 위해서였다. 이탈리아 출신 물 전문가이자 행동주의자인 리카르도 페트렐라는 전 세계 물 정책 이행에 있어서 매우 강력한 영향력을 행사한다는 점을 들어 그들을 새로운 최고 사령부라고 지칭하였다. 세계물파트너십(Global Water Partnership)은 세계은행과 UNDP, 스웨덴의 국제개발협력기구에 의해 구성되었으며, 더블린 원칙에 입각한 세계 수자원 관리를 촉진하기 위하여 정부와 민간분야, 시민단체들 간의 협력 구축의 수단 및 정보 센터로서 운영된다.

세계물파트너십은 세계은행과 유엔, 선진국의 국제 개발기구들로부터 재정 지원을 받고 있으며 이제 세계 곳곳에 지점을 두고 있다. 또한, 논쟁을 일으킨 2003년 보고서 「모두를 위한 수자원 재정 *Financing Water for All*」의 발간을 도왔다. 이 보고서는 지역적 반대에 부딪힌 물기업들의 이익을 보장하는 데 공공 기금을 사용할 것을 권한다.

세계물위원회

세계물위원회(WWC)는 '국제 물 정책 연구소'라고 스스로 지칭하였으나 실제로 그것과는 거리가 아주 멀다. 세계은행과 유엔의 후원을 받는 WWC는 권력과 세력을 세계 모든 정부가 수도민영화를 촉진하도록 하는 데 사용한다. 300개 이상의 회원 리스트의 대부분은 수도민영화 부문과 그 외 사기업들이 대부분을 차지하고 있다. 민영 수도시설 경영, 공업, 건축, 수력발전, 댐, 관개, 기반시설과 하수처리, 해수담수화, 투자은행, 행정 컨설턴트 등 여러 분야에 속한 기업들과 산업체 연합의 한복판에 소수의 정부기구와 NGO가 있다. WWC 회원은 130개 나라 400개의 기업 회원을 포함하고 있으며 모든 다국적 물기업이 회원으로 참여하고 있다. 150개 나라를 대상으로 약 15만 명의 직원들이 활동하고 있는 세계적인 경영컨설팅회사인 '프라이스 워터하우스 쿠퍼스'도 이 강력한 위원회의 창립회원으로서 최근에 수익성이 높은 물사업에 뛰어들었다.

민간부문은 유엔과 선진국 개발기구의 축복 하에, 위원회의 여러 목표 중 빈곤 완화와 지속가능한 발전이라는 명목을 통해 기업 이익을 증가시킬 수 있다. 사실 WWC는 세계물파트너십과 함께 세계 수자원 민영화의 주요 수단이 되었다. WWC의 회장인 루익 포숑은 수에즈와 베올리아 소유의 '그루페 데 조 드 마르세이유'의 회장이며, 부회장은 수에즈의 상임이사인 르네 쿨롱이 맡고 있다. 2000년 3월 WWC는 창립회의를 마라케시에서 개최하였는데, 그 이후부터 매 3년마다 큰 규모의 포럼을 후원해왔다. 2000년 3월 헤이그, 2003년 교토, 2006년 멕시코시티에서 2009년 이스탄불에서 열린 이 세계물포럼에 물기업들의 많은 참여가 있었다.

국제물기업연합

다국적 물 정책 네트워크에 최근 가입한 회원은 국제물기업연합 (AquaFed)으로서 유럽의 거대 수로시설 기업들에 의해서 시작된 로

비그룹이다. 2005년 10월 민간 상하수도 사업자들과 유엔, 세계은행, EU 같은 국제기구들 간의 연결을 위하여 창설되었다. 국제물기업연합은 미국에 기반을 둔 물파트너십위원회를 포함한 수도시설 운영자들의 연합과 수에즈와 베올리아, 유나이티드워터를 포함한 30개 나라 200개 이상의 상하수도 사업자들을 회원으로 두고 있다. 국제물기업연합의 회장은 제라드 페인으로 전 수에즈 수자원국 CEO였다. 수에즈의 최고 고문인 잭 모스는 국제 회의에서 국제물기업연합을 대표한다.

국제물기업연합은 "지금까지 민영 수도시설 운영은 국제 수준에서 하나의 주요분야로서 대표되지 못해왔다"라고 주장하였다. 하지만 WWC와 세계지속가능발전기업협의회와 같은 네트워크에서 이러한 기업들이 부각되는 현 시점에서 이런 주장을 하는 것은 이치에 맞지 않다. 그러나 국제공공노련 국제연구소의 데이비드 홀과 유럽기업감시단의 올리버 회드만이 지적하였듯, 수도민영화는 최근 집중적인 감시와 비판을 받아왔다. 따라서 기업들은 정부 대표들도 포함하고 있는 WWC보다 그들의 의제를 더 밀어붙일 수 있는 좀더 직접적인 방법을 찾고 있다. 국제물기업연합은 두 개의 사무실을 가지고 있다. 하나는 브뤼셀의 EU본부 맞은편에 있으며, 다른 하나는 파리 중심부에 있다. 사무실 위치의 선택은 우연적인 것이 아니다. 이 로비그룹은 친민영화 입장에 대해 점점 더 강력한 철회 압력을 받고 있는 EU 정치인들과 관료들, 그리고 기업들과 깊은 인맥을 쌓기를 원하고 있다.

NGO

엘리트 네트워크의 마지막 분야는 부각되고 있는 다양한 환경 NGO다. 이들은 세계은행과 WWC 등 안정적인 국제기관에서 활동하고 있다. 영향력이 큰 런던 소재의 워터에이드는 아프리카와 아시아에서 물을 공급하는 영국의 물기업들이 설립한 단체다. FAN은 환경과 공동체 그룹의 세계적인 네트워크이며, 시민사회와 세계은행 사이의 의견 교환을 연구하고 있다. 세계야생동물기금협회는 세계에서 가장 큰 환경보전그룹이다. 미하일 고르바초프가 이끄는 국제녹십자는 환경 및 교육기구로서 수도계획에 민자출자를 보증하고 유엔의 수자원 권리 협약을 촉진하기 위하여 WWC와 함께 일하고 있다.

NGO 공동체 내에서는 국제 금융기관 내에서 활동하는 것이 옳은가에 대한 논의가 진행 중이다. 많은 시민사회, 특히 거대 물기업들과 싸우고 있는 개발도상국들의 민간단체들은 세계은행이나 WWC와의 회담에 대해 좋게 말하면 시간낭비고 나쁘게 말하면 배신행위라고 생각한다. 그러나 국제기관 내에서 활동하고 있는 NGO 회원들은 거대 기관의 세력 범위 밖에서 관심을 환기시키는 시민사회 그룹들과 같은 목표를 향하고 있으며, 세계은행 및 WWC와의 협력 관계는 그들의 정책과 이념을 전달하는 데 효과적이라고 설명한다. 이런 NGO들, 특히 워터에이드가 세계은행과 그 기관의 친민영화 정책에 대해 비판적 입장을 취하고 있다는 사실은 인정해야 한다.

국제 회담, 민영화를 구체화하다

2000년부터 WWC와 유엔, 세계은행은 물에 대한 명확한 입장을 드러내는 국제정상회담을 연속적으로 주최하였다. 이데올로기적인 견해와 관련해 중립을 지키고 모든 이해관계자들에게 내용을 공개하자는 취지의 회담이었지만 실제로는 민영화의 이익에 대한 합의를 확실히 하기 위한 것이었다. 각각의 정상회담은 각 국의 고위 관료들이 참석하는 장관회의를 주최하는데, 이 고위 관료들이 수자원 정책과 관련한 전 세계적인 의견을 평가하고 그 평가를 국내 입법부로 가져간다는 점은 매우 중요한 사실이다.

2000년 3월 헤이그, 두 번째 세계물포럼

2000년 3월 헤이그에서 개최된 두 번째 세계물포럼(World Water Forum)에는 500명의 언론인과 130개 나라 정부 대표뿐 아니라, 세계 곳곳에서 6,000여 명의 사람들이 참석하였다. 식수원 확보의 양성평등 문제부터 수자원 보존에 이르는 주제들에 관심을 가진 수천 명의 지역공동체 대표들은 세계의 물 문제에 대한 진정한 토론에 참여할 수 있을 거라고 믿었다. 그러나 그곳은 엄격히 통제되어 있는 회의와 공공-민간 파트너십에 대해 격찬하는 패널들, 수에즈나 비방디(베올리아의 전신)와 같은 거대 민간 물기업들과 네슬레를 포함한 주요 생수회사들에서 온 연설자들, 그리고 세계은행만을 위한 자리였다. 시민단체에게는 어떤 무대도 마련되어 있지 않았으며 모든 반대의견은 저지당했다.

WWC와 세계은행이 2년 전에 구성한 '21세기를 위한 세계수자원 위원회'는 이 포럼에서 매우 유명한 「세계 물 비전 *World Water Vision*」이라는 보고서를 발표하였다. 이 보고서는 30년 동안 물에 대한 사기업들의 투자가 620퍼센트 증가하고 공공투자는 3분의 1로 줄어든다는, 지금은 완전히 신용이 떨어진 예측을 하였다. 위원회 구성원에 세계은행의 이스마일 세라겔딘과 미주개발은행의 엔리케 이글레시아스와 수에즈의 회장인 제롬 모노가 포함되어 있다는 점을 보면, 그 보고서가 제3세계 소비자들이 물 사용료를 지불하기 시작해야 하며 정부가 기반시설에 투자를 할 수 없는 곳에 민간분야가 투자해야 한다고 결론을 내린 것은 전혀 놀랍지 않다. 더 나아가, 물 공급에 대해 총비용 가격결정을 추천하였는데 이는 소비자들이 물에 대한 비용뿐만 아니라, 투자자들이 회수할 이익이 충분할 정도로 돈을 지불해야 된다는 것이다.

세계물포럼은 마지막 선언에서 물을 인권으로 인식하는 것을 거부하였으며, 대신 정부와 마찬가지로 사기업도 쉽게 충족시켜줄 수 있는 인간욕구재라고 주장하였다.

2002년 8월 요하네스버그, 세계지속가능발전정상회의

2002년 여름, 남아프리카공화국 요하네스버그에서 유엔의 세계지속가능발전정상회의(WSSD) '리우+10'이 열렸다. WWC와 '지속가능한 발전을 위한 세계경영자회의'는 물 관련 회의 중 가장 규모가 큰 이 정상회의의 중요한 참가자였다(식품 안전성, 빈곤, 환경 등과 같은 많은 문제들이 논의 대상이었음에도 불구하고, 물과 위생, 그리고 거기에 따르는 수익 기회가 주로 논의되었다). 수천 명의 언론인과 6만 5,000명의 정부 대표와 관계자, 국제단체, NGO, 사업 관계자들이 최초의 '지구정상회의'의 성공 여부를 평가하고 향후 활동을 위한 청사진을 만들기 위해서 모였다. 그러나 WSSD는 완전히 다국적기업의 이익에 중점을 두었으며 대기업들을 제외한 모든 사람들은 일반적으로 이 회의가 완전히 실패했다고 인정했다.

이 정상회의가 기업에 의한 기업을 위한 쇼라는 것은 대표들이 공항에 도착하자마자 '다이아몬드는 영원히'라는 광고를 모방한 '물은 영원히'라는 거대한 광고를 본 시점에서 명백해졌다. 드비어스는 코카콜라, 맥도날드, BMW와 함께 7,500만 달러의 비용이 들어간 이 회의의 공식 스폰서 중 하나였다. 200개 이상의 대기업에서 100명 이상의 CEO와 700명의 비즈니스 대표가 이 회의에 참석해, 휘황찬란한 소책자를 통해 그들의 새로운 가치체계인 '공동 책임'을 대표자들에게 선전했다. 이 회의는 아프리카를 통틀어 가장 부유한 교외지역이며 금융 거점이기도 한 샌드톤에서 거행됐다. 이곳에는 미광을 발하는 오피스 빌딩, 5성 호텔, 고급 술집과 고급 레스토랑이 위치해 있다. 샌드톤에서 콜레라 경고 간판으로 뒤덮여 있는 작은 강을 건너면 그 곳에 알렉산드라 지역이 위치해 있다. 알렉산드라 지역은 아프리카에서 가장 궁핍한 빈민가 중 하나로, 아이가 음식을 찾기 위해서 쓰레기를 뒤지고 물을 받기 위해서 지저분한 파이프 앞에 줄을 서는 곳이다.

대표단이 컨벤션 장소에 도착하기 위해서는 중앙에 BMW가 수력발전의 거대한 '시속성 서품'을 전시하고 있는 대규모 쇼핑몰을 통과해야만 했다. 한 뉴스사의 설명에 의하면, 수많은 5성 호텔 중 한 군데에서만도 VIP 대표들에게 물 8만 병, 굴 5,000마리, 가재 373킬로그램 이상, 최상급의 쇠고기 820킬로그램, 닭가슴살 820킬로그램 연어 165킬로그램, 베이컨과 소시지 410킬로그램, 킹클립(남아프리카산 물고기) 82킬로그램을 제공하였다. 1박에 1,100달러인 이 호텔의 스위트룸은 요하네스버그의 평균 월급의 10배에 달하는 가격이다.

거대 물기업 모두가 WSSD에서 부각되었다. 그들은 유럽의 공식 정부 대표단원의 자격으로 참가하였으며, 또한 새로운 사업과 활동을 광고하기 위하여 그들이 후원한 워터돔이라는 대규모 무역전시회에도 참석하였다(넬슨 만델라와 오렌지 왕자가 주최한 워터돔 개회식 행사에서 젊은이들이 물방울처럼 치장된 옷을 입었으며, '문화적' 요소를 제공하기 위해 기업 부스 사이를 가볍게 지나다녔다). 물기업들은 만약 이 정상회의가 유엔의 새천년개발목표를 수행하기 위한 실질적인 전달 체계로 공공-민간 파트너십을 추천하면 바로 행동을 개시하여 수익성 있는 계약을 통해 돈을 벌기를 원했다. 그리고 그들은 유엔과 요하네스버그 회의에 참석한 189개 나라가 이러한 접근 방식을 찬성하기를 원했다.

이러한 바람으로, 그들은 EU가 착수하고 있는 '물 이니셔티브'라는 사업으로부터 새로 190억 달러를 지원받았다. 이 사업은 새천년개발목표 수행에 있어서 민간분야에 호의적인 여건을 조성하는 것을 목표로 한다고 밝혔으며 WSSD에서 공개적으로 화려하게 개시하였다. 유엔의 지지 하에 220개의 거대기업과 세계은행, IMF, 개발도상국 간의 파트너십이 WSSD에서 발표되었으며, 개발도상국에 물과 위생

시설의 보급을 하는 것과 관련한 사항들이 그 주를 이루었다.

저명한 연구기관인 유럽기업감시단은 정상회의 결과에 대한 분석에서, 유엔의 리더십은 빗발치는 비판에도 불구하고 구속력 없는 목표를 현실적인 것으로 가장하기 위해 최선을 다했지만, 결국 이 정상회의는 동시대의 위급한 사회 및 환경문제들에 대한 어떤 진척도 없이 끝났다고 언급했다. 요하네스버그의 유일한 구체적 결과물은 정부와 유엔이 기업 엘리트와의 관계를 굳건히 하고, 오랜 기간 동안 이어온 협력에 대한 과장 보도와 '돈세탁'을 위한 길을 닦은 것뿐이다.

2003년 3월 교토, 세 번째 세계물포럼

7개월 후 2만4,000명의 참가자와 1,000명의 언론인, 130개 나라의 장관들이 세 번째 세계물포럼을 위해 교토에 모였다. 개발도상국의 상수도는 민간분야에서 운영하는 것이 가장 좋은 방안이라는 전 세계적인 여론이 생겨나기 시작했기 때문에 요하네스버그에서의 무거운 짐은 오간데 없었다. 전보다 더 시민단체에게 개방적이었고 공식 프로그램에서 일부 비판들은 주목을 받기도 하였으나 대표단에게 친기업적인 입장을 나타낼 것을 강요하는 것은 헤이그 회의 때만큼이나 심했다. 회의에 참석한 임원들과 정부 대표들은 물을 인권의 일부로 보는 견해를 이번에도 받아들이지 않았으며 수도민영화 실험에 대한 비판 증가에 대해 언급하길 꺼려하였다.

세계은행은 상당 기간 동안 작업을 해온 물 융자에 관한 주요 보고서를 출판하는데 교토 회의에서 이를 이용하기로 결정하였다. 물기업에 대한 제3세계의 반발이 커지고 있었기에, 거대 물기업은 그들의 존재가 국제재정기관들의 보증, 즉 남아메리카의 정치적 혼란과 금융 위기 모두로부터의 보호 없이는 지속 불가능하다는 걱정을 하였다. 이 보고서는 「모두를 위한 물 융자 *Financing Water for All*」라는 제목으로, 패널로 참석한 IMF의 전 총재이자 프랑스중앙은행의 명예이사를 역임했던 미셸 캉드쉬가 수에즈 수석부회장인 제라드 페인, 베올리아 이사인 샤를루이 드 모뒤, 이스마일 세라겔딘, 그리고 세계은행과 함께 제작하였다.

캉드쉬의 보고서는 물기업이 듣고 싶어했던 모든 것을 담았으며 회의 내부뿐만 아니라 국제적으로 엄청난 반향을 불러일으켰다. 그는 개발도상국에서 활동 중인 기업들은 엄청난 저항에 맞닥뜨리고 있으며 1억8,000만 달러의 새로운 투자를 통해서 정치 및 재정적으로 그 기업들을 보호해야만 한다고 밝혔다. 패널들은 물 관련 계획에 대한 총비용회수를 요청하였으며 민간 계약자와 입찰자들의 준비를 위해 공공기금을 사용하자는 의견을 지지하였다. 또한 통화가치 절하와 정치적 대립이 발생할 경우 유동성 지원 기금으로 기업의 이익을 보증할 것을 요청하였다. 분명한 메시지는 더 많은 재정지원 없이 거대 회사들이 저소득 국가에 계속적인 상주를 보장할 수 없다는 것이었다. 각 국의 정부는 이러한 권고사항들을 받아들이고 귀국 후 이를 개발계획의 일부로 넣었다.

2006년 3월 멕시코시티, 네 번째 세계물포럼

2006년 멕시코시티에서 개최된 네 번째 세계물포럼은 2만 명의 사절단과 1,500명의 언론인 및 140개 나라의 정부 대표가 참석하는 등

그 규모가 매우 컸다. 그러나 세계은행의 수자원 정책이 인기를 잃어가고 있었기에 무장 경호원들과 경찰들은 사절단을 육중한 장비로 보호해야만 했다. 무려 2억2,000만 달러가 소요된 이 호화 쇼는 기업거래 광경을 공공연하게 드러냈으며 회의 참석자 1인당 600달러를 부담시킨 것에 대해 주최측은 혹평을 받았다. 후원기업에는 코카콜라와 멕시코의 거대 맥주기업인 그루포모델로가 포함되어 있었다.

기업들의 노골적인 의도가 드러난 이 포럼의 특성뿐만 아니라 WWC가 시민단체와 의미 있는 토론을 분명히 거부하였다는 사실로 인해, 많은 NGO들이 네 번째 세계물포럼을 보이콧했으며 1,000명의 사절단으로 구성된 그들만의 회의를 개최하는 것으로 대신하였다. 또한 그들은 4만 명 정도의 항의자들로 이루어진 거대한 집회도 개최하였다. 이들은 멕시코시티의 중심가 거리를 점령하고 "우리의 물은 판매를 위한 것이 아니다"라고 외쳤으며 그들의 정부 대표자가 세계물포럼을 떠나 거리의 시민들과 함께하기를 요구하였다.

처참히 실패한 수도민영화

약 20년 동안 기록된 민영화 실패와 세계은행 및 수도시설 회사들에 대한 세계 곳곳에서의 반대 증가 사례는 부정부패와 높이 치솟은 물의 가격, 물 공급 중단 사태, 수질 악화, 족벌주의, 오염, 직원 해고, 약속파기의 결과물로 밝혀졌다. 현실적으로 이윤을 추구하는 기업이 아무리 정직하게 운영을 히더라도 물의 보전과 수자원 근원지 보존을 수행하기는 힘든 일이다. 실제로 물기업들은 경쟁력을 갖추기 위해 세계 도처의 수질을 악화시키고 있다.

경쟁력을 갖춰야하는 기업은 가난한 사람에게 물을 공급할 수 없다. 물 공급은 현재에도 그렇지만 미래에도 국가의 역할로 남아 있을 것이다. 사기업의 궁극적인 목표는 이윤 창출이지 모든 사람에게 물을 공급하는 것과 같은 사회적 책임을 이행하는 것이 아니다. 국민소득이 하루에 2달러 이하인 국가에서는 사기업들이 시장 수익률을 높여야 하는 주주의 의무를 충족시킬 수 없다. 그들 중 어떤 기업도 비용을 지불하지 못하는 사람에게까지 서비스를 공급할 수는 없다. 그러한 상황에서 민간분야가 경쟁력 있는 상태를 유지할 수 있는 유일한 방법은 공공 보조금을 받는 것이다. 추측하건대, 그것만이 기업들이 안도할 수 있는 방안이다. 실제 많은 사례에서 민간분야가 내거는 효율성과 전문적 기술, 새로운 투자와 같은 약속은 실현된 적이 없다.

2006년 국제공공노련과 세계개발운동이 발간한 「몽상 *Pipe dreams*」이라는 획기적인 보고서는 데이비드 홀과 엠마누엘레 로비나가 함께 작성한 것으로, 세계은행의 투자에 대한 주장이 근거 없는 신념임을 명확하게 보여줬다. 사하라사막 이남의 아프리카 국가들, 남아시아, 그리고 중국을 제외한 동아시아에서는 1990년부터 민간분야의 경영에 의한 투자의 결과로 단지 약 60만 개의 가구에 수도가 새로이 연결되었는데, 이는 약 300만 명의 사람들만 사용할 수 있는 규모로 유엔이 목표로 하는 수치의 아주 적은 일부에 불과하다. 보고서는 그 적은 수의 공급도 주민들이 비용을 지불하지 못하여 끊기고 있는 상황이며 수도 연결 사업에 들어간 대부분의 돈도 정부 보조금에 의한 것이라는 사실을 밝혔다. 마찬가지로, 대부분의 성공 사례에서조차 처음 계약을 맺을 때 약속한 투자와 확장을 이행하는 데 실패하였음을 볼 수 있다. 민간분야가 수도연결 확장 이상으로 기여한 사례는 세계에서 라틴아메리카 지역이 유일하며 보고서에 따르면 이러한 성공도 일반적으로 공공분야의 성공에 비교할 수 없으며 대부분의 중요한 사례에서는 공공분야의 그것보다 질이 떨어진다는 사실을 보여주었다.

수도민영화의 결과가 더 실망스러운 이유는 민간분야가 세계은행, 지역은행, 선진국의 자본 지원을 유도할 것이라는 기대와 달리 실제로는 제3세계의 물사업에 대한 융자가 오히려 줄었기 때문이다. 1998년과 2002년 사이 개발은행의 개발도상국의 수도 기반시설에 대한 투자와 후원기금은 1,500만 달러에서 800만 달러로 감소하였다. 동시에 세계은행 정책들 자체가 저소득 국가들이 물과 같은 서비스 부문에 투자를 하는 것을 방해하였다. "15년 동안 민영화가 기여한 것이 있다면 전반적으로 저소득국이 이용 가능한 수자원에 대한 투자기금을 심각하게 줄였다는 사실뿐이다. 민간분야 개발은 민간분야에 의한 실제 투자액보다 훨씬 많은, 후원자로부터의 개발자금과 원조 수준을 줄이는 결과를 낳았다"라고 이 보고서는 언급하였다. 더 나아가, 세계은행은 민영화에 저항하는 국가들에게 지원을 줄이는 방식으로 대응하였다. 보고서는 가장 괴로운 점은 거대기업들이 매우 강력해졌다는 사실이며 이 기업들이 실제로 선진국으로부터 투자기금을 받을 국가나 지역, 도시들을 선정하는 데 영향을 미친다는 것이라고 주장했다. 기업들이 어디에서 이윤을 창출할 수 있는지에 따라 사업이 결정되기 때문에 가장 이윤발생 가능성이 적은 공동체는 투자기금을 받지 못하고 있다.

2007년 1월, 국제빈곤센터의 UNDP 보고서는 그러한 결과를 확인해 주었다. 영국의 케이트 베일리스와 브라질의 테리 멕킨리는 사하라이남 아프리카지역은 너무 가난하기 때문에 1990년과 2003년 사이에는 전 세계 민간투자의 4퍼센트밖에 받지 못했다는 사실을 확인하였다. 더 많은 투자를 끌어들이기 위해서 저소득 국가들은 그들의 기대치를 재조정하고 기업들이 빈곤층을 위한 계획을 이행하는 것에 대해 고민하지 않도록 사업친화적인 환경을 만들어내는 데 초점을 맞춰야만 했다. 또한 이 연구는 민영화에 대한 초기 기대가 너무 높았던 바람에 기반시설 확충에 필요한 돈의 기부가 없어도 민영화부분이 이를 채워줄 것이라는 기대가 생겨 결과적으로 이에 대한 기부가 줄었다고 밝혔다. 2002년 세계은행이 사하라이남 아프리카 지역에 상하수도시설을 위해 빌려준 자금은 1993년에서 1997년 사이에 빌려준 것의 4분의 1 수준밖에 되지 않았다. 동시에 세계은행은 국제금융공사와 국제투자보증기구를 통해 민간투자에 대한 지원을 증가시켰다. "그렇기 때문에, 아프리카 국가들은 끔찍한 속박에 묶여 있었다. 공공투자에 대한 후원금의 감소뿐만 아니라 민간투자 또한 감소하였다"라고 보고서는 말했다.

이러한 결과는 새로운 많은 연구와 보고서에서도 등장한다. 2006년 4월에 노르웨이의 '환경과 개발에 관한 포럼'에서 발간된 한 보고서에 따르면, 수도민영화는 빈곤층에 물을 공급하는 데 실패했고 인간의 물에 대한 권리를 침해하였으며 민주주의의 원칙을 희생시키고 지역민들에 대한 책임을 회피한 채 이루어졌으며 외국의 수자원 통제와 독점을 야기하였다. 2006년 9월 독일의 '개발과 평화 연구소'에서 발간한 보고서에서는 개발과 관련하여 수도민영화를 비판적으로 조사하였으며 모든 수자원 투자 계획에 대한 국가규제와 의무적인 윤리지침서를 요청하였다.

유엔의 사회개발연구소 연구 진행자인 너렌 프래저드는 다음과 같은 결론을 지었다. "뇌물수수와 부채, 계약동의서에 따른 계약불이행, 해고, 관세증가, 그리고 환경공해 등이 발생했다. '서명과 재협상'이 유행하고 있으며 심지어 세계은행은 실패한 이권계약에 대한 재협상 안내서를 발간해왔다." 프래저드는 세계은행이 공공-민간 파트너십에 대해 좀더 부드러운 모습으로 위장하여 민영화를 다시 포장하고 착수할 준비를 하고 있다고 언급하였다.

전통적으로 수도민영화를 지지해온 사람들마저 마음이 떠나고 있다. 2006년 9월, 영국의 민영수도회사들이 만든 물 자선단체인 워터에이드는 EU의 세계 저소득 국가에 물을 공급한다는 약속에 대해 강한 비난성명을 발표하였다. 워터에이드는 EU의 사업인 '물 이니셔티브'로 혜택을 받은 사람이 단 한 명도 늘어나지 않았으며, 수자원 계획에 대한 유럽의 원조 비율이 2000년 5.5퍼센트에서 2003년 4.2퍼센트로 감소했다고 말했다. "이미 국제투자자들이 개발도상국의 상하수도계획 융자에 무관심하다는 사실이 밝혀졌음에도, EU의 이 사업은 수자원분야에 대한 EU 원조 증가의 필요성에 대한 토론의 기회조차 주지 않고 민간분야의 자금을 끌어들이기 위하여 민영화를 주장하고 있다."

　　네 번째 세계물포럼에서, 유엔은 수도민영화에 대해 매우 비판적인 분석을 담은 「2006 유엔 세계 물 개발 보고서 *UN World Water Development Report 2006*」를 발간하였다. 이 보고서는 많은 물기업들이 지역주민의 반발에 부딪혀서 개발도상국에서 철수하고 있다는 점을 언급하였으며, 그들의 후퇴에 따라 수백만 명의 사람들이 물 공급을 기다려야 한다고 말하면서 수익성이 없는 계약에서 손을 뗀 그들에 대해서 혹평을 하였다. 또한 유엔은 제3세계의 수도민영화에서 혜택을 받은 대부분이 사회의 부유층 출신이라는 점을 언급하였다. 유엔 역시 "사회 빈곤층에게 충분한 물 서비스를 제공하는 것은 경제적 이익이 거의 없고 매우 높은 위험을 수반하는 사업으로 받아들여지고 있다"라고 보고하였으며 "정부를 다시 불러들일 시기가 되었다"라고 덧붙였다.

　　세계은행은 상하수도시설 확충에 민간분야의 도움을 받고자 하는 개발도상국 정부를 도와주기 위하여, 「상하수도에 관한 도구모음 *Toolkit on Water and Sanitation*」을 2006년에 출판하였다. 이 지침서는 "민간분야의 참여를 도입하기 위하여 정부가 해결할 필요가 있는 주요 이슈들을 검토할 것이며, 민간 수도분야의 재편 기회에 대한 몇몇 중요한 이슈들을 숙고하고 선택된 협정안이 어떻게 법적 효력이 있는 법규와 계약, 특허로 구체화되는지를 고려한다"는 내용을 담고 있다. 마이클 골드만은 정반대되는 증거에도 불구하고 나타나는 이러한 비타협성을 이데올로기의 하나로 보고 다음과 같이 설명하였다. "수도민영화를 위한 세계은행의 정책 캠페인은 낡은 공공배관시설에 대한 임대 프로그램과 하수도 기반시설 이상의 것이었다. 나중에 이 캠페인은 중재, 회계, 은행업무, 청구에 관한 절차 및 수행에 대한 다국적 규약의 새로운 도입, 보상에 관한 완전히 새로운 가치 체계(정부를 고소할 수 있는 외국회사들의 능력도 포함), 공공분야의 역할에 대한 새로운 정립, 그리고 공공재와 용역의 지역 공급자 역할을 장악한 다국적기업의 표준화 등의 결과를 남겼다.”

막대한 이윤을 챙긴 거대 물기업

물기업, 특히 수에즈와 베올리아는 그들의 실패와 대중의 반대에도 불구하고 지속적으로 엄청난 수익을 얻고 있다. 1990년 세계 인구의 극소수인 약 5,000만 명의 사람들이 민간 물 공급자로부터 물을 샀다. 오늘날 거대 물기업들이 전 세계 인구의 10퍼센트인 약 6억 명에게 물을 공급하고 있는데, 이는 단기간 내에 엄청난 증가라 할 수 있다(이는 나머지 90퍼센트의 인구가 공공분야가 공급해주는 물을 쓰고 있다는 것을 뜻하지는 않는다. 여전히 15억 인구가 공공분야나 민간분야 모두로부터 물을 전혀 공급받지 못하고 있다. 이는 물을 공급받는 40억 인구의 약 15퍼센트가 지금 거대 민간 물기업로부터 물을 사고 있다고 말하는 게 더 정확하다). 이 기업들은 스스로 10년 내에 기업이 생산한 물을 사먹는 사람들의 수가 지금의 두 배가 될 것이라고 보수적인 예측치를 내놓았다.

「포춘, *Fortune*」 선정 500대 회사 중 79위를 차지한 수에즈는 세계적으로 16만 명의 직원을 고용히고 있으며 이 중 7만2,000명은 수자원부에서 일하고 있고 총수익은 약 600억 달러에 달한다. 베올리아는 27만2,000 명의 직원 중 7만 명이 물과 관련한 일을 하고 있으며 총수입의 경우 10년 전에는 약 50억 달러였지만 지금은 약 340억 달러다. 2006년 수에즈는 물산업 부문에서는 3.2퍼센트의 완만한 수입 증가를 보였지만 회사 전체의 총수입은 6.7퍼센트의 상당한 증가를 기록하였다. 베올리아의 총수입은 거의 12퍼센트 증가했고 이윤은 55퍼센트 증가하였다. 가장 최근까지 이 2개의 다국적기업은 전 세계 민간 물시장 분야의 3분의 2를 지배하고 있다. 세 번째로 큰 템스워터(최근 RWE에서 분리됨)는 1만2,000명의 직원을 고용하고 있으며 총수입은 20억 달러를 상회한다. 프랑스의 소어, 스페인의 아그바르가 각각 네 번째와 다섯 번째로 세계에서 가장 큰 물기업이다. 다른 거대 기업들로는 독일의 아쿠아문도와 영국의 바이워터, 세번트렌트(Severn Trent), 켈다그룹 그리고 앵글리언워터가 있다.

실제로 이 기업들은 세계 곳곳의 지역공동체로부터 강력한 반대를 받아왔으며(제 4장 참조), 그 결과 많은 계약을 포기하였다. 예를 들어, 수에즈는 2006년 연간 보고서에 라틴아메리카와 사하라이남 아프리카, 남아시아의 수익성 없는 계약에 대한 취소를 재빨리 마쳤다고 보고하였다. 여러 거대기업들도 다함께 물사업에서 완전히 손을 떼었다. 독일 거대 에너지기업인 RWE는 지역의 강렬한 반대, 특히 미국에서의 반대가 몇년 동안 지속되자 템스워터를 매각하였다. 투자 수익률이 기업의 기준보다 낮아졌고, 물사업을 지속하기에 이윤이 남지 않았다. 2001년 초, 엔론(Enron)은 물사업 진출이 완전히 실패한 것으로 판명되자 담당 자회사인 아주릭스를 처분하였다(엔론은 스캔들에 휘말렸고, 이에 따라 파산을 선고하게 되었다). 이는 '오만'이라는 단어에 새로운 뜻을 추가한, 아주릭스의 회장 레베카 마크가 세계의 모든 수자원이 민영화될 때까지 멈추지 않을 것이라 선언한 직후였다.

그렇지만, 민영 물사업이 활동정지를 했다고 언급하거나 이 세계적 기업들의 지구력을 과소평가하기에는 아직 이르다. 세계은행의 새로운 자료에 따르면, 2006년에 새로 체결된 공공—민간 계약 건수가 1990년부터의 연간 계약 건수 중에 가장 높았다. 마찬가지로, 영국의 「글로벌 워터 인텔리전스」에 따르면, 수자원분야에서의 인수합병활동은 최근 10년 동안 눈에 띄게 격렬해져 왔으며 민간분야는 정부와 도시 당국으로부터 100억 달러의 지분을 획득하였다. 마찬가지로 사기업들은 부유한 선진국의 정부로부터 공적 연기금을 보조금으로 지급받았다. 2005년 영국 물기업인 AWG는 40억 달러 이상의 가치를 지닌 계약을 통해 캐나다와 호주로부터 연기금을 획득했다. 템스워터는 맥쿼리 유럽인프라융자회사가 이끌어나가는 협회인 켐블워터에게 약 50억 달러에 매각되었다.

기업들의 바이블로 통하는 「세계 물연보 *Masons Water Yearbook*」는 새로운 물기업들이 가장 큰 두 기업과 적극적으로 경쟁하면서 시장에 들어오고 있으며 이는 세계적인 변화라고 보고하였다. 사실 제일 큰 5개 기업들의 시장 점유율은 2006년에 47퍼센트로 줄었으며 이는 단 2년 만에 일어난 놀라운 변화다.

더 나아가 수십 개의 더 작은 기업들과 마찬가지로 규모가 큰 경쟁사들도 더 이상 단독으로 개발도상국에 주력할 수 없고 좀더 안정적인 국가들의 유리한 시장에 들어가려고 시도하고 있으며, 이에 따른 몇몇 실제 성공 사례가 있다. 1999년 지금은 베올리아로 바뀐, 비방디엔바이론망은 유에스필터(U.S. Filter)를 62억 달러에 사들였으며, 강력한 미국서비스산업연맹의 회원이 되었다. 이듬해 수에즈는 유나이티드워터를 12억 달러에 현찰로 샀으며, 2007년 2월에는 미국에서 가장 중요한 배수 시스템 중 하나인 애퀘어리언-뉴욕을 매입하였다. 2003년에는 27개 주의 1,500만 명 사람들에게 물을 공급하는 아메리칸워터를 RWE템스가 86억 달러에 매입하였다. 이러한 매입을 통해, 향후 20년 내에 미국시장의 70퍼센트를 지배하는 것을 목표로 하는 유럽의 수도 기업체들은 미국에서 가장 큰 민영수도회사 3개를 인수하였다. 곧 그 3개의 커다란 회사들은 애틀랜타, 뉴올리언스, 탐파, 인디애나폴리스, 오클라호마시티, 스톡턴, 밀워키, 스프링필드, 피트버그, 호놀룰루 등에서 수도시설을 운영하였다.

그들은 차원이 다른 유럽식 정치 로비를 미국에 도입했다. 거대 유럽 물기업들이 시장을 지배하기 전 미국공직청렴센터는 공공수도사업체들이 정치적 기부를 적게 한다고 보고하였다. 1995년부터 1998년에 이르기까지 그들은 50만 달러보다 적은 액수를 선거자금으로 기부하였다. 그러나 2000년과 2002년의 선거에서는 선거비용이 3배로 높아져 약 150만 달러에 이르렀다. 이 금액의 절반 이상이 외국 물기업에 소유된, 유나이티드워터와 아메리칸워터, 단 2개의 기업으로부터 나온 것이다. 1990년대, 공공사업체들이 연방보조를 받기 전에 수도회사와의 민간 파트너십을 고려할 것을 요구하는 연방법률의 변화를 이용하여 사기업들은 1990년대에 이미 수도민영화 속도를 두 배로 올렸다.

민간 수도사업 장기계약을 20년까지 맺는 것을 허용하는, 개방적인 새 연방조세법으로 무장한 시당국들은 10억 달러에 이르는 계약을 통해 새로운 타개책을 갖출 수 있었다. 장기계약으로 사기업이 운영하는 수도시설의 수는 1997년의 약 400개에서 2003년에는 약 1,100개로 증가하였다. 이런 종류의 계약은 시당국이 민영화가 잘못되었다고 결정하고 이를 취소하기 어렵게 만들었다. 오늘날 미국 물기업연합은 2006년에 1,300개 이상의 공공-민간 파트너십과 함께 미국의 민간 물사업 시장이 약 17억 달러 규모이며 미국인의 15퍼센트에게 물을 공급하고 있다고 보고하였다.

물 기업들은 재정이 적은 시당국이 물 공급을 위해 연방기금을 요청하는 대신, 민영화를 고려하도록 미국 법률을 제정할 것을 요구하고 있다. 그리고 그들은 물과 오폐수 처리시설을 규모규제 대상에서 제외시키고 무제한적인 민간활동채권이 가능하도록 한 부시 대통령의 물사업채권 방침을 열심히 지지하였다. 이 방침은 미국 환경청(EPA)의 지원을 받는다. EPA 수자원국의 벤자민 그럼블즈가 애틀랜타에서 열린 EPA가 후원하는 수도 기반시설에 관한 회의에서 "우리는 이것이 물과 오폐수 시설을 위해 잠정적으로 수십억 달러의 투자를 가져올 중요한 단계라고 믿는다"라고 말하였으며 이는 2007년 3월 22일 경제전문지인 「본드 바이어 *Bond Buyer*」에 발표되었다.

유럽은 거대물기업들이 성장을 위해 목표로 삼은 또 다른 지역이다. 이 거대기업들은 민간 수도시설을 고려하는 것을 단호히 거부하고 있는 나라에서 공공-민간 파트너십에 대한 긍정적인 분위기를 조성하기 위하여 유럽위원회와 동맹하여 활동하고 있다. 유럽 수도시설의 약 70퍼센트가 현재 정부에 의해 운영되고 있지만 거대 물기업들이 계약을 위해 경쟁하도록 허용해야 한다는 압력이 커지고 있다. 가장 거대한 두 회사는 특히 정치적으로 민영화 준비가 되어 있는 독일과 오스트리아, 이탈리아를 대상으로 삼고 있다. 프랑스와 스페인, 웨일즈, 영국은 이미 대부분 민영화되어 있다. 여러 주요 보고서에서 유럽위원회는 최근 주요한 기반시설 투자가 필요한 유럽지역에서의 공공-민간 파트너십은 성공으로 가는 길이라고 추천하였다.

국제공공노련 연구기관의 데이비드 홀은 물기업들이 동유럽과 중부유럽의 가난한 나라들도 목표로 삼고 있다고 경고하였다. 그 곳에서 거대 물기업들은 재건과 개발에 대한 유럽은행 및 세계은행의 지원을 받고 있으며, 크로아티아, 알바니아, 체코공화국, 루마니아, 세르비아, 에스토니아, 헝가리에서 활동하고 있다. 「세계 물연보」는 2005년 유럽의 물사업이 갑자기 증대했다고 보고하였다. 중동 또한 목표 시장이다. 예를 들면, 사우디아라비아는 2006년에 민영화를 시작하였지만 2010년에 이르면 사기업들이 총인구의 절반에게 물을 공급할 것으로 예상된다.

하지만 가장 수지가 맞는 지역은 중국이다. 수에즈엔바이론망과 베올리아, 템스 모두 20년 전부터 중국에서 활발히 활동하고 있다. 중국 정부는 국민들에 대한 물 공급을 엄격하게 통제하기 때문에, 이 기업들은 물을 대량으로 생산하여 시당국에 팔았다. 하지만, 중국의 시장 체제가 친시장으로 바뀌면서 이 기업들은 이제 물 유통에 관한 장기 계약을 체결할 수 있다. 베올리아는 선전, 쿤밍, 상하이, 창저우를 포함한 17개 도시에서 모든 물 서비스를 제공한다. 수에즈는 충칭, 산야, 탕구, 탕저우에서 같은 일을 하고 있다. 중국정부에 의한 채권수심이 엄격하게 실시되고 있으며, 99퍼센트의 납부율을 보이고 있다.

그 이윤은 매우 놀라울 정도로, 20퍼센트 이상의 수익을 발생시키고 있다. 2002년 템스워터는 차이나워터컴퍼니의 가장 큰 단일 주주가 되었다. 이는 템스의 중국 고객을 650만 명으로 증가시켰다. 수에즈는 최근 6억4,000만 달러의 투자를 통해 16개 도시에서 19개의 공동 경영을 실시하고 있으며 향후 2년 동안 이 투자를 2배로 늘릴 것이다. 수에즈엔바이론망은 2006년에 중국본토에서 26퍼센트의 성장을 보였으며 최근에는 아시아-태평양 지역본부를 상하이로 옮겼다.

거대 물기업들은 물사업 전망이 그들이 조정하는 대로 변한다는 것을 예리하게 잘 인식하고 있으며, 새롭고 매력적인 시장인 물 재이용 산업에 진입하는 완전히 새로운 경쟁자들과 경쟁할 준비가 되어 있다. 그러나 무엇보다 그들의 영원한 유산은 세계은행과 유엔, 수에즈, 베올리아, 그리고 그 밖의 거대 물기업들이 연합하여 세계 수자원의 완전한 상품화와 다국적기업 소유의 물 카르텔 설립을 위한 무대를 마련했다는 점일 것이다.

고약한 상황이지만, 여러분은 이 물을 마시든지 죽든지 둘 중에 선택할 수밖에 없다.

_ 피터 비티
(호주 퀸즐랜드의 주지사 시절,
재순환된 하수돗물을 음용수로 공급받는 것에 대중이 반대하자 이에 대해 내놓은 답변 중에서)

03

Blue + Covenant

물 사냥꾼이 몰려온다

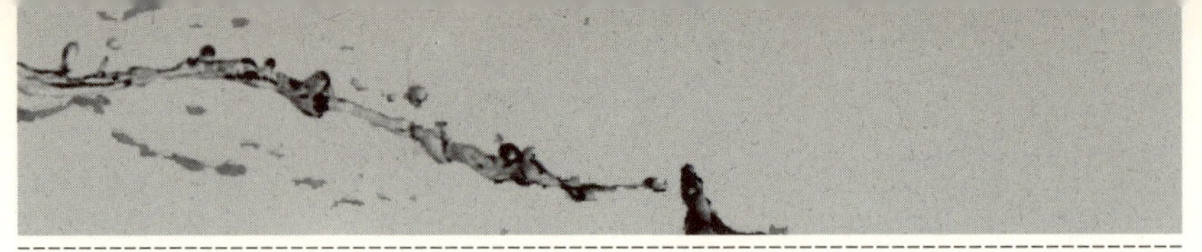

수에즈와 베올리아 같은 물 관련 거대 설비업체들이 여전히 물시장의 강자이긴 하지만 이 시장에 새롭게 진입한 기업들과 치열한 경쟁에 직면하고 있다. 이 신생 기업들은 깨끗한 물을 공장과 가정에 공급하고 여기서 나온 하수를 다시 정화하는 일을 도맡고 있다. 이러한 기술 부문은 설비 부문보다 2배 빠르게 성장하고 있으며 모든 수익의 4분의 1 이상을 차지하는 것으로 보고되고 있다. 「글로벌 워터 인텔리전스」에 실린 보고서 「재활용수 시장 2005~2015 *Water Reuse Markets 2005~2015*」에 따르면, 전 세계적으로 재활용수 시장은 10년 동안 181퍼센트 증가할 것이다. 물 재활용에 대한 투자는 280억 달러 수준이 될 것이다. 이 분야의 강자인 지멘스(Siemens)는 물 재활용에 관련한 기술 시장만도 현재 400만 달러 수준이고 앞으로 8~10년 동안 2배가 될 것이라고 예측하고 있다.

세계적 규모의 수처리 회사 중 하나인 낼코(Nalco)는 물 부문에서 일하는 근로자만 1만 명 수준이고 130개 국가에 지사를 두고 있는데, 이곳의 CEO 윌리엄 로는 미래의 전쟁은 원유 때문이 아니라 물 때문에 일어날 것으로 생각한다고 말했다. 캘리포니아주 팜 사막에 있는 유에스필터의 대표이사 앤드류 시델은 물시장에는 갖가지 제품과 서비스를 제공하는 적어도 10만 개 이상의 기업이 활동하고 있다고 말했다.

물을 정화하는 데 필요한 화학물질은 컴퓨터 칩을 만드는 데 쓰이는 물질로서, 이를 사용해 만들어진 물은 사람이 마시기에는 너무나 정제되어서 몸으로부터 칼슘이나 아연 등과 같은 주요한 미네랄이 빠져나가게 한다고 「뉴욕타임스」의 클로디아 도이치가 보도했다. 물기업들은 물의 온도가 변해도 녹슬지 않는 파이프, 바닷물을 강물처럼 만드는 첨가제 따위를 판매하고 있다. 또한 코카콜라나 스타벅스의 커피가 세계의 어느 곳에서 주문하든지 같은 맛이 나도록 돕고 있으며 산성인 원유를 고품질의 가솔린으로 바꾸어주는 정제 시설의 비용을 낮춰주기도 한다. 최근에 이 회사들은 호텔, 병원, 아파트의 배관이나 기후조절장치를 통해 이동하면서 레지오넬라균 질병을 일으키는 미생물 관리까지 도와주고 있다.

「세계 물연보」는 이러한 경향을 잘 보여준다. 바닷물의 담수화와 산업용수 처리는 세계 물산업에서 가장 빠른 변화가 진행되고 있는 분야로 몇 년 동안 상당한 발전을 이루었다. 이러한 경향은 모로코, 폴란드, 러시아, 스웨덴, 미국 등에서 새로이 등장한 기업들을 통해 알 수 있으며, 지금까지 물시장을 지배해온 유럽의 거대기업들이 더 이상 힘을 발휘하지 못할 것임을 의미한다고 이 보고서는 지적하고 있다. 슈와브캐피털마켓의 데브라 코이는 2004년 1월에 미국 과학환경협의회가 주최한 회의에서 "물은 뜨거운 이슈다"라고 했다. 그녀는 또한 새로운 수요를 충족시키고 낙후된 인프라를 개선하는 데 쓰이는 막대한 자본이 세계적인 물시장을 형성하고 있으며, 아직까지 알려지지 않은 많은 투자기회가 첨단 기술로 인해 발생하고 있다고 말했다.

사우디아라비아는 물 생산 능력을 높이기 위해 해수의 담수화와 물 정제 기술 등에 앞으로 20년에 걸쳐 800억 달러를 투자할 계획이다. 앞으로 10년 동안 두바이는 수처리 기술에 1,000억 달러를 투자할 예정이고 세계 경제 성장의 30퍼센트를 담당하는 중국은 300기가와트 수준을 생산하는 200~400개의 화력발전소를 추가할 계획이다. 그러나 문제는 이들의 건설이나 시설 운영을 위한 물이 충분하지 않다는 데 있다. 더군다나 중국의 인구는 2030년이면 16억으로 급증하게 되고 그 결과 130~230조 리터 수준의 물 공급이 필요할 것이라고 수자원부에서 예측하고 있다. 따라서 중국 정부에서는 2006년에서 2010년까지 수질 개선을 위해 1,250억 달러를 배정해 두고 있다. 수에즈의 수처리 지사인 디그리몽(Degremont)은 이미 중국에 160개의 수처리 시설을 건설했고 추가로 160개를 더 세울 계획이다.

미시간에 본사를 둔 벤처자본연구소 클린텍그룹의 파트너 존 발바크는 물 자원을 위한 인프라 건설과 개선에 대한 전 세계적인 수요는 앞으로 25년 동안 20조 달러에 달할 것이라고 예측하고 있다. 미국의 의회예산처에 따르면, 미국 내의 낡은 관을 교체하고 기타 관련 인프라를 구축하는 데 최소 10년간 400억 달러를 투자할 계획이라고 한다. 물론 이는 매년 550억 달러에 달하는 유지관리 비용은 제외된 금액이다. 미국 토목기사협회는 앞으로 몇 십년간 도시의 물 관련 시설을 개선하는 데 1조 달러 이상의 예산이 필요하다고 발표했다. 이 말은 전 세계에서 동일하게 반복되고 있는데 이는 곧 각 나라의 정부가 다량의 물이 새는 낡은 관 등 기존의 오래된 시스템을 개선해야 하는 상황에 처해 있다는 이야기다. 이러한 공적 영역 외에 사기업들을 위한 물시장도 폭발적으로 증가하고 있다. 사기업의 수처리를 대신해주는 산업은 엄청난 기회를 맞고 있는데, 이러한 사기업들은 환경기준을 준수하기 위해 자체적으로 수처리 시스템을 갖추는 것보다 폐수처리 서비스를 제공해주는 물기업에 돈을 지불하는 것을 선호하기 때문이다.

물시장을 접수한 신생 기업

미국에 본사를 둔 ITT사는 130개 나라에 자회사를 가진, 세계에서 가장 규모가 큰 수처리 및 물 공급 업체라고 주장한다(같은 내용을 낼코, 유에스필터도 주장하고 있다). 이 회사가 주력하는 물 분야는 아주 다양하고 창조적인데, 예를 들어 중국에 250개의 폐수 처리 시설을 소유하고 있는가 하면 미국 후버 댐의 내부 터널에서 물을 빼내는 펌프를 운영하기도 한다. 이 회사의 생산품은 개별 거주자, 도시, 공장을 위한 펌프, 도시나 산업폐수를 위한 생물학적인 여과나 살균 처리 장치, 광산, 화학물질 제조 공장, 종이와 원유 공장에서 사용하는 펌프까지 다양하다. 또 다른 미국회사인 다나허는 90억 달러 규모의 제조업 및 공구 회사로 최근 폐수 처리산업에 진출한 강자로 꼽히고 있다. 이들 두 회사는 미국을 기반으로 민간분야 사업 확장에 힘쓰고 있는 신생 기업들의 무리에 진입했는데, 이 분야 온라인 정보지인 「국제환경사업 *Environmental Business International*」의 추정에 따르면 이들의 사업 규모는 미국에서만 1,000억 달러에 이른다고 한다.

글로벌 거대기업 GE도 최근에 물시장으로 진입하면서 경쟁을 부추기고 있다. 2001년 GE는 수처리 산업의 주요 기업인 베츠디어본과 수처리용 막을 생산하는 오스모닉스를 사들이면서 14억 달러 규모의 GE워터테크놀로지라는 회사를 세웠다. 같은 해에 GE는 미국의 담수 설비사인 이오닉스를 11억 달러에, 한외여과막 제조회사인 제논 인바이런멘털도 사들였다. 새로이 생긴 회사의 연구자들은 GE메디컬시스템에서 개발된 화상 기술이 자동차나 파이프 등 다양한 제조 공정에서 사용되는 물의 화학적인 문제들을 진단하는 데 사용될 수 있을지를 조사 중이다. GE는 이러한 사업을 시작하면서 세계 물시장 중 500억 달러 정도를 공략할 목표를 가지고 있다. 2007년 2월에 GE는 유럽시장의 주요 물기업이 되기 위해서 이 지역의 인프라 개발에 10억 달러 이상을 투자할 계획이라고 발표했다.

GE, ITT, 낼코는 이 분야에서 주요 기업이 되었고 시장의 40퍼센트 이상을 차지하는데, 다른 경쟁사들도 물시장으로 속속 진입하는 중이다. 다우케미컬은 최근에 다우워터솔루션이라는 회사를 설립하면서 세계의 곳곳에 더 안전하고 지속가능한 물의 공급을 책임지겠다고 했다. 이 회사의 수처리 및 담수화 분야는 가장 빠르게 성장하는 분야로 2006년에만 450억 달러를 벌어들였다. 유지소이탄인 네이팜

탄과 고엽제를 만드는 회사라는 오명을 없애기 위해 이 회사는 푸른 행성운동이라는 프로그램을 매년 지원하고 있는데, 이 프로그램은 세계 각지에 운동가들을 보내 제3세계 사람들이 안전한 물을 마실 수 있도록 하는 데 필요한 돈을 모금한다.

물론 물 공급과 관련된 기존의 주요 회사들이 사라진 것은 아니다. 유럽에서 가장 큰 폐수처리 업체 두 군데는 수에즈의 폐수처리 서비스 부문인 SITA와, 베올리아의 폐수처리 서비스 부문이자 오닉스의 후신인 베올리아인바이런멘털 서비스다. 3위는 모기업 레트만에서 분리된 레몬디스로서, RWE가 물 부문을 구조조정할 때 폐수처리 부문을 인수했다.

이들 모두가 수처리 분야의 계약을 수주하기 위해 경쟁 중이다. 2004년에 베올리아는 동유럽의 푸조시트로앵으로부터 자동차 제조 과정 중에 발생하는 폐수를 처리하는 13억 달러짜리 계약을 따냈고, 2006년에는 베이징의 얀샨페트로케미컬과 산업폐수의 처리 및 재이용에 관련된 계약도 성사시켰다. 수에즈는 생물학적, 화학적 수처리 분야의 첨단 기술을 파리의 연구개발센터에서 중국과 공동 활용 중이다. 이 회사 중국 지사의 대표인 스티브 클라크는 「유로비즈 매거진 *EuroBiz Magazine*」과의 인터뷰에서 상하이에 수백만 달러 규모의 연구개발 센터를 열 것이라고 밝혔다.

물산업은 특정 대학이나 지역에서 최고의 연구센터를 만들어내기 시작했다. 싱가포르는 전 세계의 물산업 허브가 되고 있는데, 민간 물산업 전문가와 기술자들을 전 세계로 내보내고 있다. 싱가포르의 '환경과 물산업 발전위원회'는 2007년 2월, 민간분야 물시징에 330억 달러 예산을 들여 세계 수준의 물 연구 센터와 관련 연구자들을 육성할 것이라고 발표했다. 기술 개발과 컨설팅에 주력하며 세계 90개 지사를 가지고 있는 미국 500대 회사 중의 하나인 블랙앤비치는 이 기회를 잡기 위해 회사를 싱가포르로 옮겼다. 이 회사는 싱가포르를 최고 수준의 담수화센터와 전 세계 디자인센터의 허브로 지정하고 2009년까지 회사를 10배 정도 규모로 키우기 위해 기술 전문가들을 육성할 계획이다.

독일의 대기업 지멘스도 주요 물기업 중 하나인데, 2004년 이 회사는 베올리아로부터 유에스필터를 10억 달러에 샀다. 또한 이 회사는 이스라엘의 물기업인 메케롯과 파트너 관계에 있다. 지멘스워터테크놀로지는 물 부문에만 6,000명의 직원이 근무하는데, 2006년 말에 싱가포르에 5,000만 달러 규모의 세계 물 연구개발 및 기술 센터를 세운다고 발표했다. 이외에도 셈콥, 다이엔, 다코, 에코워터, 샐콘, 하이플럭스(Hyflux) 등의 회사들이 아시아와 중국으로부터 모여들고 있다. 하이플럭스는 논란에 휩싸였던 뉴워터(NEWater)를 만들어낸 회사로서, 싱가포르 정부는 100퍼센트 폐수 재활용수인 뉴워터를 국민들에게 식수로 공급하려 했었다. 이 회사는 이제 호주의 공공시설국과 함께 호주 국민들에게 이 물을 판매하려 하고 있으며 동시에 인도, 태국, 중동과 중국에도 이를 팔기 위한 준비를 하고 있다.

원자력에서 나노까지

담수화

담수화와 관련해 밝혀진 여러 가지 문제에도 불구하고 물시장에서 이 분야는 이미 상용화가 시작되었다. 「글로벌 워터 인텔리전스」에 따르면 전 세계 담수화 산업은 2015년까지 약 3배 정도 성장할 것이고, 이 과정에서 600억 달러에 달하는 투자가 이루어질 것이다(온라인 환경시장 분석지인 「워터 인더스트리 뉴스 *Water Industry News*」는 이 숫자를 950억 달러까지 추정하고 있다). 이중 절반 이상이 민간 분야로부터 투자될 자본이므로 담수화 사업이야말로 물시장의 어느 분야보다 민간부문에 열려있다고 볼 수 있다. 담수화 부문은 첨단 기술이 가장 많이 필요하고 동시에 매우 다국적인 분야로서, 2010년까지 660억 달러, 2015년까지 1,260억 달러 수준으로 성장할 것으로 예측된다.

담수화의 가장 큰 시장은 걸프만 지역으로 앞으로 10년간 그 규모가 2배에 이를 것이다. 알제리, 리비아, 이스라엘 등이 속해 있는 지중해 연안에서 이루어질 담수화 규모는 300퍼센트 이상의 증가가 예상된다. 「워터 인더스트리 뉴스」는 중국, 인도와 함께 미국이 도시의 대규모 담수화시설에 있어 대단한 약진을 이룰 것이라고 보도했다. 호주 시드니에 계획된 시설은 정부로부터 이미 승인을 받았고 영리 추구를 목적으로 하는 민간기업이 운영하고 있다.

전 세계에 담수화 관련 회사는 대략 87개인데 이 숫자도 계속 증가 추세에 있다. 물사업 분야의 대표자인 수에즈와 베올리아는 물론, 물 정제와 폐수처리 분야의 대표자인 ITT, 지멘스, 다우, 낼코, GE 등도 모두 이 시장에 진입해 있다. 이중 GE는 비상시에 호텔과 리조트 등에 물을 공급할 수 있는 세계 최대 규모의 '움직이는 담수화 선박'을 운영 중이다. GE는 또한 미국의 폴 사와 합세하여 담수화 부문 세계 시장을 확장하고 있다. 폴은 세계 최대의 막 여과 시스템 제조회사로 2006년에만 20억 달러 가까운 판매 수익을 올린 바 있다. GE는 사우디아라비아의 대표적인 담수화 회사인 ACWA 및 수에즈와 함께 새로운 담수화시설을 건설하는 데에도 공동으로 참여하고 있다. 2007년 2월에는 알제리에 아프리카에서 가장 큰 유사 시설을 지을 예정이라고 발표하기도 했다. 템스워터(Thames Water)는 조수의 영향을 받는 런던 동쪽 템스 강의 소금기 있는 물을 담수화하기 위한 시설을 짓게 해달라고 요청 중인데, 런던 시장인 켄 리빙스턴이 이를 반대하고 있다. 리빙스턴 시장은 런던에 물을 공급하고 있는 이 민간회사와 몇 년째 씨름 중이다. 템스워터가 낡은 관을 수선해주지 않아 깨끗한 물이 매일 10억 리터 가까이 새나가고 있기 때문이다. 리빙스턴은, 물공급 회사가 물이 부족해서 담수화시설이 필요하다고 하면서 날마다 새어나가는 엄청난 물의 양을 방치하고 이를 해결하지 않는 것은 모순이라고 지적하고 있다.

스페인의 베페사를 포함한 기업들은 2007년 초에 인도에서 가장 큰 담수화시설을 타밀나두 첸나이에 새로이 디자인하고 건설하는 투자를 마쳤고 이 시설을 25년간 운영할 것이다. 스페인의 또 다른 주요 담수화 회사인 이니마는 세계적으로 25개의 담수화 회사를 소유하고 운영중이다. 그 외 다수 기업들이 바하마, 브리티시 버진 아일랜드,

바베이도스, 벨리즈 등에서 사업 중이고 아랍과 중동국가들은 물론 아르헨티나와 호주에까지 사업을 확장 중이다. 이스라엘의 IDE는 자국에 가장 큰 담수화시설을 세웠고 이제는 지중해로 진출 중이다.

미국 코네티컷에 본사를 둔 스탬포드는 서양에서 가장 큰 담수화시설인 탬파베이를 건설하였고, 캘럼(CalAm: California American)은 미국 내 27개 주에 지사를 가진 미국에서 가장 큰 민간 물기업으로 현재는 RWE의 자회사다. 라스베이거스의 애퀴제네시스는 전기공급이 낮을 때도 지열을 활용해 작동 가능한 담수화시설 델타-T를 개발하여 사업의 첫 걸음마를 시작했다. 이 회사의 공동창립자이자 샌디에이고 주립대학교 물기술개발센터의 운영 책임자로 일하고 있는 로널드 뉴콤은 회사의 규모에 대해 잠정적으로 추산하고자 했으나 너무나 숫자가 커서 불가능했다고 밝히기도 했다.

원자력 담수화

2005년 노벨평화상을 받은 국제원자력기구(IAEA)를 포함한 주요 단체에서 기존 담수화 과정의 비용이 너무나 엄청나니 핵 반응기를 사용해 이 에너지를 충당해 보자는 논의가 진행 중이다. IAEA의 담수화 경제성 평가 프로그램은 원자력 담수화를, 핵 반응기를 에너지원으로 하여 하수돗물을 담수화하는 과정으로 정의하고 이를 전 세계에 공개적으로 광고 중이다. 이 분야의 기업들은 2004년 많은 국가의 원자력 에너지 관련 기구 및 학술 단체와 함께 「국제 원자력 담수화 *International Journal of Nuclear Desalination*」라는 새로운 학술지를 창간했다. 미국과 유럽의 원자력협회도 이를 지원하고 있다.

원자력 담수화시설은 이미 일본, 인디아, 카자흐스탄에서 운영 중이고 파키스탄, 이집트, 중국 등에서 새로운 시설이 설계되고 있으며, 러시아, 모로코, 튀니지, 호주, 알제리 등에서도 새로운 옵션으로 심각하게 고려되고 있다. 「글로벌 워터 인텔리전스」에 따르면 이 시설들은 각국에서 점차 중요한 역할을 하게 될 것이고 정부의 지원이 점차 증가되고 있다. 텍사스 주 상원의원인 케이 허치슨은 이와 관련한 연구 및 핵 기술자를 양성하고 있는 텍사스대학교를 지원하고 있다. 이 사업은 우라늄 농축 시설이 예정된 지역 인근인 앤드루스 카운티 지하에 최신의 헬륨 냉각 원자력 연구 시설을 지어 활동 중이다. 이 분야의 활동이 활발해지면서 기존의 물기업들은 물론 우라늄이나 핵 시설 관련 회사들까지 새로운 경쟁자로 등장하고 있다. 2007년 3월 수에즈의 대표이사 제라드 메스트랄레는 2015~2020년까지 새로운 핵시설에 투자할 계획이라고 했다. 수에즈가 전기 공급을 위한 원자력 발전을 목적으로 하고는 있지만 이는 물산업 영역 확정을 위한 원자력 담수화 사업과도 결코 무관하지는 않을 것이다.

나노기술

나노기술은 분자 수준에서 기술을 다루는 새로운 응용기술 분야다. 나노입자는 아주 작은 크기 때문에 이름이 붙여졌는데 나노미터는 미터의 10억분의 1을 의미하는 것으로 나노는 이제까지 인간이 상업적으로 사용한 것 중 가장 작은 크기다. 나노기술은 차세대 기술로 인식되면서 햇볕차단제, 음식물 자국을 방지하는 옷감, 음식 표장 용기, 전기 기구, 영양제, 약제 등 다양한 분야에서 사용되고 있다. 대형 식품회사 및 제약회사들은 최소 10년 이상 이 분야를 연구해왔다. 저명한 물리학 학술지인 「럭스 리서치 *Lux Research*」에 따르면 이 분야가 앞으로 5년간 제조품 부문에서만 2조6,000억 달러까지 성장할 것이라고 한다. 제약회사들은 이미 이 기술로 연간 10억 달러 정도를 벌어들이고 있다. 미국 특허청은 이제까지 4,000가지 이상의 나노기술 특허를 승인했고 2,700여 가지가 승인 검토 중에 있다고 밝혔다.

최근에는 대형 담수화, 물 정제 혹은 수처리 회사들도 이 기술을 활용하기 위해 전담 부서를 만들고 있다. 이들 회사의 연구자들은 더러운 물을 깨끗하게 해주는 미세한 나노입자의 세계를 연구 중이고 지하수 오염을 없앨 수 있는 나노막, 나노제올라이트 같이 나노기술을 응용한 분야에도 관심을 가지고 있다. 이들은 또한 정부로부터의 엄청난 예산 지원을 받는 연구도 진행 중이다. 예를 들어 이스라엘 정부는 5개 대학에서 나노기술을 연구하도록 하고 있고, 미국 정부는 이에 20억 달러를 투자 중이다.

미국 정부의 여러 부처는 2004년에 나노기술 국가주도 체제를 만들었고 이를 통해 대학들의 물 관련 나노기술의 연구를 지원하기 시작했다. 2006년 11월 텍사스 라이스대학교의 과학자들은 머리카락 두께의 5,000분의 1 수준의 철산화물을 사용하여 물에서 비소와 같은 오염원들을 기존의 여과장치보다 더 잘 제거할 수 있는 기술이 개발되었음을 발표하기도 했다. 같은 달 UCLA에서는 기존의 담수화 및 폐수 처리에서 비용을 줄일 수 있는 새로운 역삼투막을 개발했다고 발표했다. 2007년 초 미국 환경청은 500만 달러 규모의 10개 연구과제 수행 결과 수질이 나쁜 식수를 나노기술로 개선할 수 있음을 발견했다고 발표했다.

　그러나 정부가 지원하는 연구 수행의 성과가 지닌 엄청난 영업이득 가능성을 인지하고 여기서 개발된 기술을 전적으로 조정하는 것은 다름 아닌 민간기업이다. 캘리포니아의 나노기술회사인 나노H_2O는 UCLA 연구자들과 함께 특허 개발을 위해 일하고 있다. 이 회사는 새로 개발된 막이 2008년쯤에는 상업화되기를 기대하고 있으며 이 연구가 UCLA의 연구결과에 기초하고 있다고 회사 홈페이지에서 밝히고 있다. UCLA 연구자들은 대학 내 나노시스템연구소와 협력하여 2005년에 물기술연구센터를 만들었는데, 이 센터는 산학협력을 추진하며 나노시스템 기술의 신속한 상업화를 위해 노력하고 있다.

　티타니움다이옥사이드 기술은 현재 실험을 거쳐 산업체에 소개되고 있다. 미국 에너지국의 태평양서북부국립연구소는 홈페이지를 통해 그들의 역할이 과학을 시장으로 이전하는 것이라고 하면서 이들 새로운 물질들은 이미 상용화되고 있다고 했다. 그 밖에 10여 개의 물 관련 나노기술 회사들이 미국에서 사업을 시작하고 있는데, KX, 아르고나이드, e-멤브레인 등이 대표적이다. 이러한 경향은 다른 나라에서도 마찬가지로 호주는 2006년 6월에 '물 분야 나노기술 상용화'라는 포럼을 개최해 정부, 학계, 과학 및 산업 분야 대표자들을 모아 물 나노기술의 상업화와 발전을 촉구했다. 그 결과 나노기술상용화자문위원회가 신설되었고 정부, 산업, 학계가 상업화된 나노기술을 활용하기 위한 기반이 만들어졌다.

　물론 수에즈, 베올리아, GE 등은 이미 물 관련 나노기술의 대표주자다. 베올리아는 다우케미컬의 자회사인 필름텍과 함께 새로운 나노

여과기술을 개발 중에 있다. 수에즈는 '초여과'라는 나노기술을 이미 파리 외곽의 시설에 설치하고 있다. GE의 워터 테크놀로지는 나노기술을 이용하여 물의 기술적·기계적 처리 프로그램의 세계적 선두주자가 되는 것이 목적이라고 밝혔다. 독일의 화학그룹인 바스프는 회사의 미래사업 분야로 물 정제 기술에 대한 나노 연구 지원이 필요하다고 보고 1억500만 달러를 지원해오고 있다. 이러한 새로운 기술들의 첨단에서 이들 회사들은 가장 새롭고 중요한 기술을 보유하기 위해 움직이고 있다.

새로이 등장하는 기술들

투자자들의 관심을 끌 만한 새로운 기술이 속속 탄생하고 있다. 대기 중의 물 생산기(Atmospheric Water Generators, AWGS)는 말 그대로 공기에서 물을 뽑아내는 기계로서, 여러 제조사에서 가정이나 사무실에서 사용할 만한 작은 기계를 팔고 있으며 이미 중국 기업에 의해 연간 500만 달러 이상 팔리고 있다. 싱가포르의 하이플럭스에서도 유사제품을 팔고 있다.

그러나 몇몇 제조사들은 건조한 지역에 물을 공급하기 위해 대기로부터 훨씬 많은 양의 물을 뽑아내려 하고 있다. 플로리다에 본사를 둔 애쿼사이언스는 트레일러처럼 보이는 AWG에서 하루 4,500리터의 물을 생산하는 기술을 개발했고 이를 이라크에서 전투 중인 미군들에게 물을 제공할 목적으로 국방부와 계약을 체결했다. 프리워터는 대기에서 물을 생산하는 AWG 기술을 가진 또 하나의 기업으로, 회사 이름과는 반대로 동업자인 에어투워터와 함께 특허를 내고 '경쟁 없는 시장을 조정하고 개발'하고자 하고 있다.

구름 만들기(cloud seeding) 기술은 강우 확률을 높이기 위해 비행기로 은요오드화합물과 드라이아이스를 뿌려서 구름을 만들어내는 기술이다. 호주, 미국, 중국을 포함한 24개 나라에서 사용 중이고 점차 시장이 확대 중인데, 인접한 지역 간 구름도둑이라는 문제를 야기하고 있다. 중국은 이 분야의 대표주자로 연간 5,000만 달러를 지원하고 3만5,000명을 고용하고 있다. 전문가들은 이 기술이 강수 확률을 10퍼센트 정도 높여주는 것으로 보고 있는데, 일부 과학자들은 물 순환과정에 악영향이 있을 수 있다고 염려한다. 이 분야의 기업들은 사업의 영역이 현재는 지역적이나 성장 가능성이 무한한 시장이 기다리고 있다고 기대하고 있다.

물 재산권

대량의 물이나 물과 관련된 권리를 사고파는 새로운 업종도 생겨났다. 워터무브, 워터파인드, 엘더스워터트레이딩 같은 민간 물 중개 기업들이 2001년에 생겨났는데, 이는 정부가 시골의 토지 소유자와 농부들이 자기 땅에서 나오는 물을 도시 거주자에게 팔 수 있도록 법을 바꾼 직후부터다. 뉴멕시코에 기반을 둔 워터뱅크라는 회사는 중개업과 투자금융업을 하는데, 물 관련 권리, 물 사용권, 샘물, 온천 등을 사고자 하는 사람들에게 연결해줄 수 있는 375개의 매물이 전 세계에 있다고 주장한다. 그러나 실제 홈페이지에는 회사와 그 이사진에 대한 정보가 거의 없다. 그 이유에 대해 이 회사는 홈페이지에 실을 수 있는 정보들은 제한적인데, 이는 물이라는 문제가 매우 정치적이고 그 권리를 사고파는 대상들에게는 아주 위험한 사업일 수 있어서 회사가 가진 정보의 상당 부분이 엄격히 관리되는 대외비이자 기밀로 취급하고 있기 때문이라고 설명했다.

콜로라도의 물 중개기업 워터콜로라도닷컴은 물 가격이 콜로라도에서 2006년에만 40퍼센트가 올랐다고 보고했다. 이 회사의 대표인 조 오브라이언은 1950년대 '콜로라도 빅 톰프슨' 프로젝트 당시 1에이커풋의 물은 1달러였는데 지금은 1만6,000달러에 팔린다고 말했다. 물 1에이커풋은 13억 리터와 동일한 양으로 현재 미국에서의 사용량을 기준으로 하면 4인가족 2가구가 1년간 사용할 수 있는 물의 양이다.

아마도 물기업들은 이처럼 새로이 나타나고 있는 물시장에 대한 예측을 통해 향후 이익 창출이 가능한 새로운 수원을 발견하고 이를 사서 물에 대한 권리를 소유하려고 할 것이다. 비들러워터는 PICO지주회사의 중개업 부문 자회사로 캘리포니아에 있으며, 공공이나 개인 사용자들에게 수자원과 지하수를 팔거나 빌려주고 장기 수익 모델을 구축하기 위해 수자원, 수저장시설 등을 전략적으로 인수하는 사업을 하고 있다. 도로시 티미언-파머는 네바다 주 카슨 시의 물 관리자였는데 지금은 본인이 물 개발기업라고 부르는 비들러의 사장이다. 2007년 초에 이 회사는 네바다와 아리조나에 13만5,000에이커풋 이상의 물 권리를 소유하였는데 그 가치가 현재는 5억 달러에 달한다. 그러나 이 회사는 이러한 물 권리의 대부분을 그대로 소유하고 있고 더 많은 권리를 구입하려 하고 있다. 그 이유는 물 가격이 미국 중서부에서는 지속적으로 오르고 있기 때문이다.

78세의 텍사스 석유재벌 분 피켄스는 메사워터라는 회사를 시작하면서 로버츠카운티에서 20만 에이커풋의 지하수 권리를 샀고, 75백만 달러 투자로 10억 달러 이상을 벌 수 있을 것으로 기대하고 있다. 그는 오갈라라 대수층의 물을 퍼올릴 수 있는 권리를 사서 이를 엘패소, 러벅, 샌안토니오, 댈러스에 팔려고 알아보는 중이다. 지금까지 그가 내건 광고판은 주 정부의 별다른 제재를 받지 않고 있다.

많은 기업들이 각 국을 돌면서 물을 팔려고 애쓰고 있다. 월드워터 SA는 룩셈부르크에 등록된 회사지만 알래스카의 앵커리지 교외에서 사업을 진행하고 있다. 이 회사 사장인 릭 데이비지는 알래스카 정부에게는 물의 제왕이었고 물을 파는 일을 개척한 사람이다. 그는 월드워터가 다른 유사 기업들이 그러하듯, 전 세계의 공공기관이나 개인 구매자와의 장기계약을 통해 회사가 소유한 물에 대해 돈을 지불하도록 만들 수 있다고 한다. 이 회사는 일본의 물류회사인 NYK와 동업을 하고 있고 사이프러스와 터키 간에 물주머니를 수송해주는 사업을 하고 있는 노르딕워터서플라이, 그리고 알래스카에서 캘리포니아로 물을 수출할 계획을 갖고 있는 알래스카워터익스포트와 역시 동업 중이다.

남캘리포니아에 위치한 기업 플로우는 유조선들이 미국의 항구에 짐을 부린 다음 중동으로 다시 돌아갈 빈 배에 물을 싣고 가려고 한다. 이 회사의 사장인 유진 코리건은 거대 유조선회사와 계약을 추진 중인데 이 계약이 체결되면 목마른 중동국가들에 1년간 1,650억 리터의 물을 수출할 것이라고 한다. 그는 「글로벌 워터 인텔리전스」에서 중동 걸프만 주변의 부유한 국가들은 이러한 물의 이동을 수용할 수 있는 기반시설을 가지고 있다고 이야기했다.

번성하는 병입수 산업

병입수(bottled water)는 처음에는 부유한 사람들을 위해 고안되었던 사업이다. 1855년, 프랑스의 비텔(Vittel) 사가 병입 광천수의 판매 허가를 받으면서 시장을 열었고 몇 년 후 페리에(Perrier)도 유사한 허가를 받았다. 100년 후 비텔은 최초의 플라스틱병을 시장에 선보이면서 주요 소비자들의 관심을 얻게 되었고 경쟁은 지금까지 계속되고 있다. 과거 부유층 소비자들을 위해 만들어진 것이 전 세계에서 가장 빠르게 성장하는 산업이 된 것이다. 1970년대 초에는 세계적으로 연간 10억 리터의 물이 팔려나갔다. 2006년에는 2,000억 리터까지 소비가 늘었고, 연간 성장률은 10퍼센트에 이르며 이러한 추세는 지속될 것으로 보인다.

미국은 연간 320억 리터의 병입수를 소비하고 있으며 그 다음으로 200억 리터의 멕시코, 140억 리터의 중국과 브라질, 다음으로 120억 리터의 이태리와 독일이 그 뒤를 잇는다. 이러한 소비는 개발도상국에서 더 빠르게 증가하고 있는데, 특히 인도의 경우 2000~2005년 사이에 소비가 3배로 증가했고 중국, 멕시코, 남아프리카에서는 연간 25퍼센트의 증가 수준을 보이고 있다. 상품에 따라 병입수는 수돗물보다 240~1만 배 더 비싸 이 사업의 영업 수익은 아주 높은 편이다. 에비앙(Evian)의 경우 한 병 값으로 북아메리카의 수돗물 4,000리터를 살 수 있다. 병입수 산업은 보수적으로 추정해도 연간 1,000억 달러 시장일 것으로 보인다.

이 분야는 4개의 회사가 시장을 장악하고 있는데, 스위스의 거대 식품기업인 네슬레는 1990년대에 비텔, 페리에, 산펠레그리노, 폴란드스프링 등의 성공적인 회사들을 사들이기 시작했다. 1998년 네슬레퓨어라이프로 시작했다가 지금은 네슬레워터스가 되었다. 매출의 10퍼센트를 차지하는 병입수 부분의 성장에 힘입어 네슬레의 수익은 2006년 14퍼센트까지 증가했다. 네슬레는 다른 유명 병입수 브랜드를 더 사들여서 더욱 성공하고자 하고 있다. 대략 130개 나라 70개의 유명 브랜드 중 네슬레가 최고의 기업임은 두말할 나위도 없다. 유럽시장에서 네슬레의 경쟁자인 다농은 에비앙과 볼빅(Volvic) 등으로 잘 알려진 회사로 연간 200억 리터의 물을 팔아치우면서 신규시장의 70퍼센트 점유하고 있으며, 매년 10퍼센트의 수익증가율을 자랑한다. 이들 두 회사는 샘물이나 지하수를 퍼내 팔고 있으며 전 세계의 새로운 공급원을 찾아다니고 있다.

펩시와 코카콜라는 미국의 대표적인 병입수 기업들로 각각 애쿼피나와 다사니를 미국 내 대표 브랜드로 가지고 있으며 세계적으로는 12개 이상의 브랜드를 가지고 있다. 유럽의 병입수 기업들과 달리 이 두 회사는 수돗물을 이용하는데 이를 역삼투압을 통해 가공하고 여기에 미네랄을 첨가한다. 이들 간의 경쟁은 108년 역사상 가장 치열한 상황인데, 2006년 「포춘」에 따르면 콜라 부문에서는 여전히 코카콜라가 앞서지만 전체 영업실적 면에서는 펩시가 처음으로 코카콜라를 제압하기도 했다. 펩시는 병입수 산업을 엄청난 이익이 발생할 수 있는 산업이라 생각하고 일찍부터 이 분야에 투자를 집중한 반면, 코카콜라는 이제 막 이걸 깨닫고 투자를 시작했기 때문이다. 코카콜라의 전체 영업실적은 2006년 20퍼센트가 감소했는데, 그나마 병입수 부문의 수익이 10퍼센트 증가했기 때문에 그 정도 실적을 유지한 것이었다. 코카콜라는 다농의 미국 병입수 시장 지분의 20퍼센트를 사들이고 2007년 5월에는 41억 달러에 에너지브랜드라는 회사를 사들이면서 비타민워터 시장으로 뛰어들었다.

인디아나 주립대학교의 인류학 교수로, 이 분야를 연구해온 리처드 윌크는 「샌프란시스코 크로니클 *San Francisco Chronicle*」에 "병입수 산업은 하늘에서 떨어져 값을 치르지 않아도 되는 액체를 오일보다 4배나 비싼 가격으로 팔고 있다"고 했다. 그는 대개의 산업화된 국가에서 공급하는 수돗물은 돈은 주고 사먹는 이들 병입수만큼이나 혹은 그 이상으로 안전하다고 이야기했다. 그러나 이 업계는 몇 차례 있었던 수돗물 오염사고를 지적하며 수돗물은 질이 떨어지는 물이며, 그들의 상품이 유일하게 안전한 물이라는 인식을 높이는 데 크게 성공했다. 2007년 초 파리에 소재를 둔 넵튠그룹은, 자기 회사의 병입수인 크리스탈린과 변기를 나란히 세워놓고 찍은 사진에 "나는 화장실에서 쓰는 물 따위는 마시지 않는다"라는 카피를 담은 1,400여 개의 광고판을 곳곳에 세워 엄청난 논쟁을 불러일으켰다.

개발도상국에서 병입수는 특별한 사람들에게 제공되고 대부분의 사람들은 이를 사서 마실 수가 없으므로 일상적인 용수는 오염된 물에 의존할 수밖에 없다. 이런 가난한 국가에서 깨끗한 물을 찾아내 부유한 국가로 이를 판매한다는 것은 끔찍한 아이러니가 아닐 수 없다.

병입수의 순도를 강조하는 기업들도 있다. 푸지워터는 자신들의 병입수가 원시적인 열대우림에서 수맥까지 파내려가서 끌어올린, 사람의 손이 절대 닿지 않은 순수한 물임을 강조한다. 코요 사는 하와이 본섬의 3,000피트 아래 바닷물을 하루에 100만 리터씩 끌어올려서 역삼투를 통해 정제한 '지구상에서 가장 맑은 물, 마할로하와이심해'라는 이름의 물을 팔고 있다. '대왕섬 구름주스'는 태즈메이니아 해안에서 모은 빗물을 병에 담은 것인데, 12병에 80달러다. 이 물은 찰 때는 달콤하고 상쾌하며 실온에서는 부드러운 벨벳 같은 맛이 나는, 온도에 따라 다른 맛을 나타내는 것이 특징이라고 이 회사에서는 광고하고 있다.

트럼프아이스는 도널드 트럼프가 소유한 카지노와 호텔에서 사용하는 병입수인데, 상류 소비자 계층에도 공급되고 있다. 글레이셔비버리지 사의 '기원전 만년'이라는 물은 브리티시컬럼비아에서 보존된 빙하로부터 채취하여 병에 담긴 다음 코르크 마개로 막아 만들어진, 영감이 담긴 음악 같은 아주 순수한 물이라고 하는데, '병입수계의 페라리(Ferrari)'라고 평가받는다고 한다. 블링H_2O는 할리우드 제작자의 아이디어로 탄생한 상품이다. 이 제작자는 "오늘날 이미지는 가장 중요한 경쟁력이라고 할 수 있다. 우리는 그 사람이 어떤 물을 가지고 다니느냐에 따라 그 사람을 평가할 수 있다. 블링H_2O는 아주 고급상품을 즐기는 소비자를 위한 물이기 때문에 이 물을 마시는 사람은 곧 롤스로이드 팬텀과 같은 품격을 지니게 된다"고 이야기한다. 이 물은 스와로브스키의 크리스탈에 들어있고 한 병에 무려 40~75달러에 팔리고 있다.

어린이 전용 물

병입수 산업이 새로운 목표로 삼고 있는 소비자는 어린이들이다. 「브랜드위크 *Brand Week*」의 보도에 따르면, 학교에서 당이 든 음료수를 없애야 한다는 학부모들과 건강주의자들로 인해 음료수 회사들은 새로운 생수 브랜드를 출시하며 경쟁하고 있다. 네슬레는 로켓 모양인 '애쿼팟'을 6~12세 어린이를 대상으로 팔고 있다. 이 상품은 "재미가 쏟아져요!"라는 카피를 내세워 DC코믹스나 니켈로디언 등과 같은 어린이 프로그램에 주로 광고를 내보낸다. 이 회사는 보스톤의 버즈에이전트라는 마케팅 대행사를 통해 1만 명의 어머니들에게 샘플 병입수를 보내고 2004~2005년에는 광고에만 2,000만 달러 이상을 투자했다. 이 회사의 광고는 한 아이가 노인의 이야기를 들으며 지루해하고 있는데, "여기를 당기면 재미가 쏟아져요"라고 써진 풍선이 '펑' 소리와 함께 나타나고 아이가 이를 당기자 애쿼팟 병입수가 나타나 순식간에 노인을 제압한다는 내용이다.

키즈온리는 미국의 대표적인 어린이용 제품 제조사인데, '키즈온리 병입수'를 출시했다. 이 상품은 스쿠비두, 브랏츠, 슈퍼맨, 스파이더맨 등으로 꾸며진 병모양이며 아이들이 자기가 좋아하는 주인공을 즐기면서 병을 모을 수도 있고 동시에 물도 마실 수 있다는 아이디어를 이용하고 있다. 코트비버리지는 디즈니와 함께 '니모를 찾아서'라는 정제된 물과 '인크레더블'이라는 첨가물이 가미된 물을 만들어 팔고 있는데 6병에 3.99달러다. 이는 시작에 불과하다. 어드밴스트H$_2$O는 크레욜라볼로쿨러즈와 동업하고 있고 더 작은 규모의 회사들은 와일드워터스, 와다주스 같은 상품으로 시장에 진입하고 있다.

블루골드, 그들만의 투자 기회

어마어마한 시장

이처럼 수많은 기업들이 너도나도 물시장에 진출하는 데에는 그럴 만한 이유가 있다. 지구상의 담수가 점점 줄어들어 새로운 수원의 필요성이 제기된 결과 과거에 없던 새로운 시장이 생겨난 것이다. 새로운 시장은 새로운 투자환경을 만들었고 어느 날 갑자기 물은 주식시장에서 중요한 상품이 되었다. 최소한 12개 이상의 물 관련 주요 지수가 생겨나고 물 관련 상장지수펀드(ETF)가 새로이 생겨났다. 물산업 애널리스트들은 깨끗한 물에 대한 수요가 증가하고 있으며 인플레이션이나 경제 둔화, 금리 변화, 소비자의 구미 변화 등에 의해 그 수요가 큰 영향을 받지 않기 때문에 물은 아주 중요한 상품이라고 말하고 있다. 골드만삭스의 물 자문위원인 딘 드레이는 「뉴욕타임스」에서 물은 우리가 볼 수 있는 한 영원한 성장의 동력이라고 말했다. 리먼브라더스는 향후 10년간 투자자 소유의 물기업들에게 물을 공급받을 인구는 전 세계적으로 5배까지 증가할 것이라고 예측했다.

샌디에이고의 서미트물투자펀드의 존 디커슨은 자신의 헤지펀드인 ‘유니버스’는 6,610억 달러 규모로 359개 회사들로 구성되어 있다고 말했다. 그는 물산업은 원유와 가스, 전기와 함께 가장 빠르게 성장하는 3대 산업이라고 말하면서 다른 어떤 세계적인 산업 분야보다 순항 중이라고 했다. 그는 또한 다음과 같은 주장도 했다. “이러한 엄청난 성장 패턴과 이들이 만들어낸 기회에 더해, 끊임없는 물 수요로 인한 전 세계적 물 부족 현상은, 수요와 공급의 불균형에 대한 해결책을 공급해 주는 상장기업들의 전망을 지속적으로 밝게 하고 있다. 물에 대한 투자는 그 분야가 다양하면서도 전 지구적인 투자환경을 가지고 있고, 제한적이고 순환적인 영향을 받았던 특수 분야 투자 대상으로서의 전통적 저항성이 점차 사라지고 있다. 물에 대한 투자는 아주 넓고 깊은 전 세계적인 주제로 특수 분야 투자 대상으로만 보기에는 너무나 다양하다.”

투자은행사인 시들러캐피털은 물산업의 발전에 대한 관심을 토대로 ‘물이 가져다주는 이익 – 물 분야의 사업과 투자 기회’라는 포럼을 열기도 했다. 2005년 11월 캘리포니아의 리츠칼튼호텔에서 열린 이 포럼의 홍보물에서 시들러캐피털은 물산업은 세계에서 가장 크고 아마도 가장 역동적으로 변화하는 분야이며 이 포럼의 목적은 어떻게 물산업에서 성공할 수 있는지, 앞으로 10년간 일어날 물 혁명에 어떻게 적응해 나가야 할지를 이해하는 것이라고 했다.

영국의 권위 있는 금융 온라인 매체인 「머니위크 *MoneyWeek*」는 다음과 같은 기사를 게재하기도 했다. “그동안 물이라는 상품은 지루하고 수동적인 것이었다. 그러나 이제는 아니다. 미국의 물산업은 지난 5년 동안 244퍼센트 성장했고 S&P500 지수에서도 260퍼센트가량 상승률을 기록했다. … 영국의 물 관련 공공시설 역시 훌륭한 성과를 가져다주고 있다.” 「글로벌 워터 인텔리전스」는 물 관련 주식이 2006년 주식시장에서 기대 이상으로 좋았고 단지 7.4퍼센트 상승한 MSCI 세계지수와 비교하여 주식 지수도 동일 산업 내에서 40퍼센트 상승했다고 분석했다. 이 분야에서 처음으로 2000년 1월 조성된 스위스의 픽테트(Pictet) 물펀드는 22.8퍼센트 상승했고 지산관리 회사

인 SAM의 물펀드는 20.7퍼센트의 이익으로 앞서나가고 있다. 픽테
트는 약 40개 나라에서 수에즈, 베올리아, 다농, 샘의 펀드 등을 만들
어 판매를 유도하고 있는데 변기 제조업체, 물 정제회사 등 다양한 기
업에 투자하고 있다.

프랑스계 은행 소시에테제네랄은 2006년 2월 세계물지수
(WOWAX)를 위한 지수인증을 만들어내면서 물 공급, 관련 인프라,
정제 등에서 활동 중인 세계 규모의 20대 회사들에 대한 투자를 장려
했다. 또한 이 지수 사이트는, 물은 '블루골드'로서 상당한 잠재력이
있으며 세계물지수에서 새로이 등장한 터보지수를 통해 투자자들은
물 관련 20대 기업의 성장으로부터 수익 창출의 기회를 얻을 것이라
고 말하고 있다. 「블룸버그 *Bloomberg News*」는 2003년 이래 원유
나 가스 주식의 수익이 29퍼센트였던 반면 11개 공공사업 분야의 물
지수는 35퍼센트의 이익을 돌려준 것으로 나타났다고 보고했다. 「글
로벌 워터 인텔리전스」역시 실제로 물주식에 대한 수요는 투자기회
보다 훨씬 빠르게 급증하고 있다고 보도했다. 2007년 5월 크레딧스
위스와 맥쿼리이쿼티는 국제적인 물산업을 촉진하기 위한 호주의 투
자펀드인 PL100세계물신탁을 시작했다. 물산업의 성장 속도는 원유
산업의 황금기와도 같다고 이 회사의 펀드 책임자는 이야기한다.

투자 기회

돈을 가진 사람들에게 물에 대한 투자기회는 실로 무한하다. 캐나
다 앨버타의 온라인 투자자문회사인 인베스토피디아의 짐 맥휘니는
"다른 부족한 자원과 마찬가지로 물 부족은 어느 때보다 높은 투자기

회와 수익을 만들어내고 있다"고 설명한다. ITT의 배당금은 2002년에서 2007년 사이에 135퍼센트 증가했고 미국의 장비회사인 펜테어는 2004년 수처리 회사인 위코와 프리스틴워터솔루션을 사들여 돈을 긁어모으고 있다. 회사 대표인 레이몽드 드 옹트는 「뉴욕타임스」에 "10년 전 우리는 1억 달러 규모의 펌프회사였으나 지금은 물 부문만 21억 달러 규모의 회사로 성장했다"라고 밝혔다. 미국의 워터뱅크오브아메리카는 2002년에 호화 호텔이나 크루즈관광 회사에 얼음을 공급하는 사업을 시작했으며 그들이 취득한 담수샘물로 최고급 물을 공급하고 있다. 와트워터테크놀로지는 산업체를 위한 수처리 부품들을 전 세계 75개 시설에 공급하고 있고, 이트론은 전 세계의 물 관련 기록장치들을 제조하고 운영하고 있다.

패러세이드 물지수는 37개 물기업 그룹에 관련된 지수로 항상 주시해야 할 중요한 지수다. 37개 회사 중 5개는 미국회사가 아니지만 미국에서 사업을 벌이고 있다. 이 지수는 전 세계 물기업들의 성과를 추적하도록 설계된 것으로 2001년 이래 매년 평균 18.7퍼센트 상승하고 있다. 미국 증권거래소(AMEX)는 2006년 11월부터 통합지수인 패러세이드 물지수를 발표하기 시작해 지금은 15초마다 발표하고 있다. 온라인 뉴스 매체인 「MSN 머니」의 팀 미들튼의 보도에 따르면, 새로이 생겨난 상장지수펀드인 '파워주식 물자원 포트폴리오'는 2005년 말에 패러세이드 물지수의 성과를 추적하기 위해 만들어졌는데 이미 10억 달러 규모의 자산을 끌어 모았으며 이는 같은 기간에 시작된 다른 펀드 평균의 4배 수준이라고 한다.

'미디어 제너럴 물시수'는 지난 10년간 133퍼센트 증가했고 파리의 '프리터 글로벌 물펀드'도 비슷한 상승률을 기록했다. 뉴욕의 테러 핀 물펀드는 2005년 4월 시작한 이래 첫 해에만 22퍼센트 수익을 냈 다. 23개 주식으로 구성되어 있는 '다우존스 미국 물지수'는 2000년 에서 2006년 사이에 221퍼센트 급상승했다. 또 다른 주요지수인 ISE–B&S 물지수는 2006년 물 부족에 대한 관심이 증가되면서 국제 증권거래소(ISE)에 의해 시작되었고, S&P 1500 물지수는 미국 내 가 장 큰 민간 수도시설 업체인 아메리칸스테이트워터와 애쿼아메리카 단 두 회사만으로 구성된 지수인데, 300만 명의 고객을 확보했다. 그 밖에 블룸버그 세계물지수와 MSCI 세계물지수도 세계 물산업에 대 한 정보를 제공한다.

녹색치장

많은 물펀드가 환경친화적이라고 광고를 해대지만 그들은 어디까 지나 사기업이며 이익 창출에 목적을 두고 있을 뿐이다. 글로벌환경 펀드(GEF)는 10억 달러 규모에 가까운 자산을 가진 투자펀드로 지속 가능한 방식들에 투자하는 것을 필수로 생각한다. 그러나 이 펀드는 브라질의 국영물기업을 민영화하는 데 앞장서고 있다. GEF는 이 국 영기업에 이미 3,000만 달러를 투자했고 회사의 경영에 관여해온 전 략적 투자가들의 모임에서 중요한 역할을 하고 있다.

글로벌환경신규시장펀드는 7,000만 달러 규모의 개인자산 펀드로 서, GEF와 함께 제3세계 물기업에 대한 투자에 참여하고 있다. 아프 리카에서의 투자는 미국 기업들의 참여로 대륙 전체의 수처리시설을 다루고 있다. 애틀랜티스는 2억 5,000만 달러 규모의 또 다른 '녹색

(환경친화적)’ 펀드를 통해 개발도상국에서 담수화시설을 확장하기 위해 GEF와 포세이돈 리소스를 연결시키는 벤처기업으로 시장에 진입했다.

애쿼인터내셔널파트너는 전직 환경청 장관인 윌리엄 레일리가 만든 개인자산 물펀드다. 그는 장관 재임 시절, 민영화되거나 새로 설립된 병입수 업체(물 정제와 수처리 시설 등), 상업용, 산업용, 주거용 물 사용에 필요한 장비와 제품(관, 펌프, 막 등)을 제조하는 기업, 그밖의 물 관련 활동이나 서비스를 제공하는 기업들에 투자할 것을 규정화했던 당사자다. 1989년부터 1993년까지 그는 미국 정부가 지원한 가장 큰 규모의 물 공급 및 처리 프로그램을 책임졌는데, 당시 이 프로그램에 80억 달러 이상의 자금이 투입되었다. 현재 그는 이 지원 자금을 한껏 활용하여 이득을 취하고 있다. 그가 설립한 애쿼인터내셔널파트너가 ‘자유시장의 성장을 촉진하면서 새롭게 떠오르는 세계 시장의 미국 투자를 돕는’ 정부 기관인 미국해외민영투자사를 통해 그 돈을 지원받았기 때문이다.

세계의 물시장은 얼마나 클까? 각종 자료에서 반복해서 나타나는 것으로 보면 연간 4,000억 달러 규모로 보인다. 그러나 이러한 판단도 오래된 자료에 기초한 것으로 전통적인 수처리 분야의 대규모 서비스기업들만을 주로 고려한 것이다. 서미트물투자펀드 단독으로만 7,000억 달러 규모에 달하는 기업들에 관여하고 있다. 도시의 물 관련 인프라를 개선해야 하는 미래의 작업과 병입수 기업, 그리고 정제 기술, 담수화, 나노기술 등을 더해서 생각하면 물시장의 규모는 보수적으로 보아도 연간 조 단위(미화) 이상이고 우리가 보는 한 어떠한 제약도 없다. 여기에 급속도로 성장하고 있는 대규모 물 교역에 따라 이를 운반하는 선박 회사들과 글로벌 네트워킹을 위한 파이프라인 건설도 추진되고 있는 점을 생각하면 수 조 단위(미화)로 추정이 올라간다. 또 거기에 물 관련 원자력 산업까지 추가해야 한다. 증권 중개업자에게 물어보라. 물시장에서 만들어지는 돈의 규모는 절대 추산할 수 없다고 대답할 것이다.

물 위기를 심화시킨 기업의 물 지배

지금 세계는 여러 나라의 정부 및 국제기구의 강력한 지지를 토대로 민간기업으로 이루어진 담수 카르텔이 형성되고 있다. 누가 물을 이용할 수 있는지 물을 사용할 수 있는 조건은 무엇인지에 대한 주요한 결정은 분명히 이들에 의해 이루어지고 있다. 물 분야에 민간기업이 관여하지 않는 경우는 거의 없다. 그러나 비평가들에 따르면, 세계적인 물 위기에 대한 해결방안을 찾아내는 데 있어 민간기업은 어떤 역할도 하지 못하고 있다. 전 세계적인 물 부족 사태에 있어 공적인 감독과 관리가 절실히 요구되며, 더 늦기 전에 공동의 유산인 수자원에 대한 결정을 기업이 아닌 정부가 내릴 수 있는 체계가 시급히 갖춰져야 한다.

예를 들어 물 정제 기업에 의해 재순환된 물을 누가 소유할 것인가에 대한 답은 정해져 있지 않다. 더러운 폐수를 정제한 기업은 이 '제품'이 그들의 것이라고 주장할 수 있다. 생수 회사 역시 그들이 관리하고 판매하는 물을 소유하고 있다고 볼 수 있다. 언젠가 인류가 사용하게 될 물의 대부분이 기업에 의해 재순환된 물인 날을 상상해보자. 기업들이 물 자체를 소유하게 될 것인가? 아니면 물을 깨끗하게 순환하는 과정에서 생긴 이득만을 갖도록 하는 게 타당할 것인가? 기업이 물을 소유하게 된다면 이 물을 가지고 누구를 살리고 누구를 죽일지를 기업이 결정하게 되는 것일까?

간단히 말하자면, 세계적인 물 위기에 대한 해답은 보전의 원칙, 물의 정의 그리고 민주주의에 기초하고 있다. 그러나 경쟁을 해야만 하는 세계적 규모의 기업 중 어느 누구도 이 3가지 원칙을 지키며 생존하기란 불가능하다. 물에 대한 기업의 영향력이 증가하는 데 있어서 다음의 3가지 주요 문제점이 존재한다.

오염을 막는 데 따른 어떤 인센티브도 없다

보전에 대해서는 아무런 이득이 없다는 것이 첫 번째 문제다. 실제로 세계의 담수공급원이 오염되고 파괴되는 것이 사기업에는 엄청난 이익이 된다. 사기업의 대표들이 세계적 물 위기를 반긴다고까지는 할 수 없겠지만 물 위기가 그들의 사업에 이익을 가져다주는 것은 분명한 사실이다. 시장은 당연히 이익을 극대화하는 기업을 선호하며, 이는 곧 물 부족 현상을 통해 이득을 취하는 기업이 살아남는다는 뜻이다.

비정부기구 '식량과 물 감시단'이 확보한 자료에 따르면, 2005년 11월에 몇 차례 열린 RWE의 미국 물산업 분야 기밀 회의에서 CEO인 해리 로엘스는 환경 관련 규제 조항으로 인해 기업이 부담해야 하는 비용이 결국 가격 인상으로 이어져 소비자의 수요를 줄이는 결과를 낳았다고 한탄했다. 정부와 함께 기업과 대학들은 수처리기술 산업을 키우는 데 엄청난 투자를 하고 있어 수원의 보호와 보전에 대한 인센티브는 점점 더 작아지고 있다. 일단 엄청난 규모의 값비싼 물처리 산업이 자리를 잡으면 정부와 세계기구가 이들을 보호할 수밖에 없도록 경제적·정치적 압력이 가해진다. 모든 기술은 기업에 의해 조정되고 정책 역시 기업이 유도해 나간다. 국제 교역 법규들은 이미 수처리 기술과 관련된 산업을 촉진시키고 있다. WTO는 물 정제 기업들에 대한 국가 간 거래와 투자를 격려함으로써 환경분야 서비스 교역을 보호하고 촉진시키고 있다. 다른 상품과 서비스에서와 마찬가지로, 각 국의 정부는 이들 기업에 대한 공익적 규제를 줄여나가고 거래를 제한하는 요소를 최소화하는 규정들을 만들어갈 것이다. 이는 국민과 환경을 보호하기 위해 만들어진 규정과 법규들이 이들 기업의 활동을 방해해서는 안 된다는 것을 의미하며, 이러한 압박은 곧 정부가 만들어놓은 각종 규제를 없애게 하고 그 기준을 낮추도록 할 것이다. WTO의 국가간 거래 규정 하에, 정부는 자국의 물기업에만 호의적이어서는 안 되며, 점점 영향력을 확대하고 있는 물 관련 다국적기업들에 문을 열어야만 할 것이다.

부자들만이 깨끗한 물을 얻을 수 있다

물 관리가 기업 주도 하에 이루어질 경우 발생하는 두 번째 문제는 물과 물 관련 인프라(마실 물과 상하수도 설비부터 생수 산업, 물 정제 기술, 원자력을 이용한 해수담수화시설)가 물이 필요한 곳이 아닌,

결국 돈이 있는 곳으로 움직이게 될 것이라는 점이다. 가난한 이들에게 물을 공급할 목적으로 사업을 벌이는 기업은 없다. 기업들이 말하듯 그러한 일은 정부의 일이다. 결국 돈을 지불할 수 없는 사람들은 물을 공급받지 못하게 된다.

이미 사우디아라비아나 이스라엘 같은 부유한 국가들은 일상 생활에서 값비싼 수처리 기술에 의존해 살아가고 있는 반면, 나미비아나 파키스탄과 같은 나라들은 이러한 기술을 이용할 만큼의 돈이 없어 일반 시민들은 심각한 물 부족 사태로 힘들어하고 있다. 깨끗한 수돗물을 공급받고 있음에도 불구하고 병에 든 생수를 사먹는 것은 특권을 누리는 것이라 할 수 있다. 대규모로 물을 수송하는 두 회사인 월드워터와 플로우는 물 부족으로 사람들이 죽어가는 곳이 아닌 라스베이거스와 로스앤젤레스, 사우디아라비아나 아랍에미리트 등으로 각각 물을 수송할 계획을 세워두고 있다.

더군다나 다른 주요 산업분야에서와 마찬가지로, 물산업은 국제기관이나 각국 정부의 물 관련 정책 수립에 있어 점점 더 강력한 자문 혹은 로비집단이 되어가고 있다. 2장에서 잠시 소개한 바와 같이 거대기업들은 자국의 정부뿐만 아니라 세계은행이나 유엔과 같은 국제기관에 대해서도 엄청난 정치적 영향력을 발휘하고 있다. 보고서 「몽상」에 따르면, 수에즈나 베올리아 같은 대기업들은 세계은행이 물 관련 기금을 어디에 쓸 것인지를 결정하는 데 실제로 영향력을 행사하고 있다. 즉, 최근 몇 년간 결정권이 있는 자리를 사기업들이 차지하게 한 결과 물 분야에서 투자가 필요한 내용, 지역, 도시 등의 우선순위를 이들이 결정할 수 있게 된 것이다. 기업은 수익을 내야하고 투자자들을 고려해야 하므로 물이 가장 필요한 이들이나 가난한 이들이 많은 국가나 도시에는 관심을 두지 않는다. 시골마을은 물기업의 관심 밖으로 내몰려 물 부족으로 인한 어려움을 겪는다. 결과적으로 사하라사막 근처나 남아시아에는 민간분야 물 관련 투자 총액의 1퍼센트만이 돌아갔다.

자연보호 세력은 어디에도 없다

물 관리가 기업 주도 하에 이루어질 경우 발생하는 세 번째 문제는 이들 기업이 자행하는 물의 약탈로부터 자연을 보호하고 생태계 전체를 보호할 안전망이 없다는 사실이다. 전 세계 대부분의 정부는 지하수원이 어디에 얼마나 있는지, 얼마나 더 퍼낼 수 있는지, 지금의 채수 작업이 지속가능한지에 대해서는 아는 바가 거의 없다. 사기업이 수원에 영향력을 많이 미칠수록 정부와 공공의 이익은 점점 줄어들 수밖에 없다. 물의 상품화는 틀림없이 자연을 상품화하는 것이다. 만일 가까운 미래에 돈을 지불할 수 있는 자에게만 물이 공급된다면 누가 자연을 위해서 물을 사줄 것인가?

도심의 물 수요로 인해 시골이나 야생의 수원이 점점 말라가고 있는데, 특히 개발도상지역의 거대도시는 시골이나 자연호수, 강과 대수층에 의해 물을 공급받아야만 한다. 만일 정부가 물을 관리한다면 상당한 어려움이 따르더라도 시골지역의 생태계를 보호하려고 할 것이다. 그러나 대부분의 경우 물의 이동은 희귀해지는 자원을 두고 경쟁을 벌이는 사기업이 주로 하고 있다. 물론 이 과정은 정부의 통제를 벗어나 있어, 유역이나 생태계를 유지시켜주는 생물종과 식물을 보호할 수 있는 장치가 제대로 이루어지지 않고 있다. 물 정제, 재활용, 나노기술 등의 물 관련 기술과 생수산업, 물 수송 등 최근의 물과 관련된 작업들은 모두 자연과 인간의 건강에 직접적인 위험을 야기할 수 있다.

물 정제와 재활용

담수화 과정에서 일어나는 환경문제는 1장에서 이미 언급한 바 있다. 담수화시설은 많은 에너지가 소요되고 각종 폐기물로 오염된 바닷물이 사용될 수 있으며 담수화 과정에서 치명적인 부산물을 배출한다. 실제로 모든 담수화 시스템에서 치명적인 부산물의 배출은 피할 수 없는 과정이다. 물 정제 시스템은 삼투막을 보호하기 위해 화학물질을 사용해야만 하고 정제 과정 동안 떨어져나가는 불필요한 성분 및 오염물질들과 함께 이 화학물질도 배출된다. 물 정제에는 또한 에너지가 많이 소요된다.

폐수를 요리나 마실 물 등에 재이용할 수 있도록 하는 정제 시스템에 점점 더 많은 관심이 쏠리고 있으며 이 분야 '전문가들'은 이러한 재활용 물이 샘물만큼이나 안전하다고 정부를 설득하고 있다. 산업용수나 정원, 화장실, 집 청소 등을 위해 재활용된 물을 사용하는 것에는 별 논쟁이 없는 반면, 목욕, 요리, 마실 물 등을 위해 재활용된 물을 사용하는 것에 대해서는 우려가 많다. 최근의 연구들은 이와 같이 정제된 물에 의약품, 호르몬, 항생제, 화학치료약품, 피임이나 내분비계 장애물질 등과 같은 독성물질의 잔류물들이 남아있음을 보고하고 있다. UCLA와 위스콘신대학교의 과학자인 멜 서펫, 조엘 쎄너

슨, 매리 솔리먼 등은 가장 발전된 초여과 기술조차도 이러한 물질과 그 외 오염물질을 제거할 수 없을 것이라고 보고했다. 이들은 LA에 위치한 최첨단 재활용시설 세 곳의 방류수에서 기존 규제 대상이 아닌 54종의 화학물질, 의약품, 호르몬과 독성물질의 잔류여부를 조사했다. 각 시설이 방출한 물에는 29~34종의 이들 물질을 포함되어 있는 것으로 나타났다.

미국의 암전문가이자 캘리포니아 주립대학교의 암 및 발생생물학센터의 대표인 스티븐 오펜하이머 박사도 유사한 우려를 제기했다. 그는 「웨스트 오스트레일리언 *West Australian*」과의 인터뷰에서 화장실에서 사용된 물을 수돗물로 전환하는 것은 마치 러시아룰렛에서 사람의 목숨을 놀이삼아 게임으로 즐기는 것과 같은 것으로 최후의 수단이 아니고서는 절대 고려되어서는 안 된다고 주장했다. 그는 또한 재활용 물이 식수로 변하는 과정을 통해 남아있을 수 있는 독성물질이나 발암물질에 대해 세계의 과학계는 잘 알지 못하며 앞으로도 영원히 완벽하게 알 수는 없을 것이라고 이야기했다. 필라델피아와 뉴저지의 미국수자원협회는 조사를 통해 정제된 물에서 의약품, 제초제, 향수, 호르몬, 잡초제거제 등의 흔적을 찾아냈다. 필라델피아 수자원부의 유역 보호 책임자인 크리스토퍼 크로켓도 「필라델피아 인콰이어러 *Philadelphia Inquirer*」를 통해, 예비 검사를 실시한 결과 뉴저지 연구에서 찾아낸 내분비계 장애물질을 포함한 모든 화합물을 발견했다고 발표했다. 「워터 리서치 *Water Research*」 2007년 5월호는 호주의 퀸즐랜드대학교 국립환경독성학연구센터가 수행한 연구 결과, 미량의 항생제가 첨단 폐수처리 시설에서조차 제거되지 않은 채

남아있었다고 보고했다. 같은 해 「뉴스위크」는 내분비장애물질의 영향이 인체에 축적되고 있다는 경고와 함께 선진국의 첨단 폐수처리시설의 하류에서 암컷화된 수컷물고기가 발견되는 현상과 관련된 많은 연구 결과를 인용했다. 이 기사는 또한 이들 독성물질이 여자아이들의 2차 성징이 점점 빨라지는 것의 원인일 수 있다는 과학자들의 의심도 함께 다뤘다. 이러한 상황은 물의 재이용에 대해 활발하게 대응하고 있는 일부 국가의 정부들처럼 모든 나라의 정부가 좀더 엄격하게 통제와 조사를 실행하기를 요구하고 있다. 즉 신뢰할 만한 조사 결과 완벽하게 안전하다고 판명될 때까지 재활용된 물을 마시는 것은 허용되어서는 안 된다. 그러나 물기업들은 모든 가정에 2개의 관을 연결해 식수와 재활용 물을 따로 공급하는 데 너무 많은 비용이 들어간다며, 정부가 재활용수를 식수로도 승인하도록 압력을 가하고 있는 중이다. 「글로벌 워터 인텔리전스」가 발간한 「재활용수 시장 2005~2015」이라는 특별보고서의 저자들은 값비싼 분리 공급 구조물이 새로 필요하기 때문에 재이용 물을 식수로 사용하는 것이 적절치 않다고 판단되는 현실을 안타까워한다.

해답은? "재활용수가 식수용으로도 허가될 수 있도록 하는 정책의 변화가 물 재이용 사업의 비용을 30퍼센트까지 줄일 수 있으며 이 과정에서 시장의 규모가 커질 수 있다"는 것이다. 그렇다면 이 과정의 수혜자는? 그 주인공은 막 제조업체와 정제 관련 기술자들이 될 것이다. 기업이 물시장의 규제 완화를 원하는 것은 놀라운 일이 아니다. 이스라엘의 물 로비업체인 워터프론트의 대표는 「비즈니스위크」에 "지금의 물기업은 20년 전 동신업체들이 각종 법규에 의한 세약에 시달리며 중요한 변화를 맞이했던 바로 그 상황에 놓여있다"라고 이야기했다. 「인베스팅 인 워터 *Investing in Water*」 2007년 3월호에서는 투자 연구업체인 '프로그레시브 인베스터'가 물에 대한 공적 통제는 곧 성장의 장애물과 같다고 주장했다. 정부의 감시가 사라질 경우 물의 재이용과 관련 기술은 아무런 통제 없이 무차별적으로 퍼져나갈 것이다.

나노기술의 규제

정부의 감시에 대한 저항은 새롭게 등장한 나노기술 분야에서도 일어나고 있다. 일부 과학자와 환경단체들은 나노입자가 원래 투입되었던 것에서 분리되어 자연계나 인간의 몸속에서 자유롭게 이동할 수 있다는 점에서 우려를 표하고 있다. 나노입자는 피부, 폐, 간, 신장으로도 침입할 수 있고 혈액뇌관문까지 들어갈 수 있다.

이러한 상황은 나노기술에서의 크기와 관련이 되는 것으로 입자가 작으면 작을수록 부피 대비 표면적이 커지게 된다. 나노입자는 이 비율이 엄청나게 커서 생물학적인 활성이 아주 크다. 텍사스의 라이스대학교 화학공학과의 마크 위스너 교수는 물에서 일정하게 흘러 다니지 않는 나노입자를 발견했는데 그는 이에 대한 좀더 신뢰할 만한 결과가 나올 때까지 나노기술 개발이 천천히 진행되어야 한다고 주장하였다. 2004년 미국화학협회 연례회의에서 발표된 위스너의 연구는 나노입자가 지하수나 수처리 시설에서 움직이는 양상이 이 입자를 이루는 다양한 원자나 분자만큼이나 다양할 수 있음을 보여주었다. 또한 그는 AP통신과의 인터뷰에서 우리가 더 작은 입자를 만들수록 그

특성은 계속 변할 것이라고 이야기했다. 회의에 참석한 다른 과학자들은 특정 나노입자가 물고기의 뇌에 손상을 입힐 수 있다고 보고하기도 했다.

몇몇 주요한 미국의 환경 및 보건분야 관련 기구들은 이러한 새로운 기술에 대해 정부가 보다 엄격한 감시를 해주기를 요구하고 있다. 2006년 5월에 '지구의 친구들', 그린피스, 국제기술평가센터(ICTA)는 미국의 식약청이 나노입자를 이 분야의 '새로운 물질'로 여기고 이 물질이 시장에 나오기 전에 건강과 안전에 대한 충분한 검토를 시행할 것을 요구하고 있다. 이들은 나노입자가 이제까지 인간이 만든 어떤 물질과도 다르다고 말하고 있는 '브리티시 로열 소사이어티'와 연합하여, 영국이 나노기술을 사전 예방원칙(어떤 물질이 시장에 나오려면 안전함을 증명해야만 한다는 원칙)에 따라 처리해 주기를 요청하고 있다. 이 협회는 반대의 근거가 입증될 때까지, 모든 공장이나 연구시설들은 제조된 나노입자와 나노튜브 등을 해로운 물질로 간주하고 가능한 폐기물처리 과정으로 내보내지 않도록 해야 한다고 주장하고 있다.

그러나 정부의 통제는 정반대로 이루어지고 있다. 비평가들은 여기서 제동을 걸지 않는다면 생명공학기술이 생명에 대한 기업의 특허에 의해 조정되는 것처럼, 나노기술에 대한 소유와 조정 권한이 기업에 속박될 수 있다고 경고한다. 미국의 천연자원보호협회는 정부의 공적 조정이 없다면 나노기술에 대한 제한 없는 실험을 모두에게 허용하는 것과 같다고 웹사이트에서 경고했다. 지금까지 나노입자는 정부가 필요한 절차를 만들어야 함에도 불구하고 특별한 정부의 조정을 받지 않는 물질이고, 기업들은 이러한 상황이 자신들에게 더 유리하다는 것을 알고 있다. 2006년 10월 메릴랜드 베데스다에서 열린 미국식약청 나노기술전담팀의 1차 회의에서 이 분야의 기업 대표들은 기존의 규정들이 적절하다고 주장했다. 미국의 국제기업협의회의 대변인인 변호사 매튜 자페는 「사이언티스트 *The Scientist*」에서 나노물질에 대해 식약청이 특별한 규정이 없다고 하면서도 이미 전체적인 조정체계를 가지고 있다고 이야기했다.

병입수 산업

이 산업은 지구상에서 가장 오염된 산업 중의 하나이면서 여러 규제로부터 가장 자유로운 분야이기도 하다. 대부분의 병입수는 원유에서 가공된 폴리에틸렌 테레프탈레이트(PET)라는 플라스틱에 담겨져 나오는데, 이를 구성하는 두 가지 화학물질인 폴리에틴렌과 프탈레이트는 병 속의 물에 녹아나올 수 있다. 모든 병에 든 물의 4분의 1 정도는 소비자에게 오기까지 국가간 경계를 지나면서 운송에 엄청난 에너지를 소비한다. 이 과정에서 식용으로 수출되는 100만 병의 물은 이산화탄소 18.2톤을 배출하고, 전 세계적으로 270만 톤의 플라스틱이 해마다 사용되면서 산더미 같은 쓰레기를 만들고 하천을 오염시킨다. 전 세계에서 사용된 플라스틱 병 중 5퍼센트 미만이 재활용되고 대부분은 소각되면서 염소가스와 중금속을 포함하는 재를 부산물로 만들어내며 매립되는 경우에도 완전히 썩으려면 1,000년은 걸린다. 선진국에서 만들어진 플라스틱 병 중 재활용되는 수량의 절반은 중국으로 가는데 이 과정에서 중국의 오염된 수환경을 더욱 더럽게 만들면서 이 산물의 이용에 따른 에너지 소비를 더 부추긴다.

뿐만 아니라, 병입수를 만들기 위한 채수는 오대호와 같이 이미 수량이 부족한 지역에서 주로 일어난다. 「디트로이트 뉴스 *Detroit News*」에 따르면 이 호수의 경우 매일 4조 리터의 물이 퍼올려지고 있다. 코카콜라 공장이 있는 인도 시골지역을 비롯한 많은 비도시지역들도 물이 갑자기 줄어들면서 그 지역의 유역을 파괴하고 그 곳에 사는 사람들의 생계에 영향을 주고 있다. 이들 기업은 이러한 물로 엄청난 이익을 얻지만 해당 국가나 지역에 비용을 거의 지불하지 않거나 로열티나 세금을 전혀 내지 않고 있다. 더군다나 펩시나 코카콜라 회사의 병입수는 실제로 여과된 수돗물인데, 이를 만드는 과정에서 엄청난 양의 물이 낭비된다. 복잡하면서도 물 낭비가 심한 여과 과정으로 인해 1리터의 병입수를 만들려면 2.6리터의 수돗물이 소비된다. 게다가 소다를 만들기 위해 당을 만드는 과정에도 250리터의 물이 더 필요하다.

그러나 대체로 병입수가 수돗물보다 안전하다고 할 수는 없다. 연구 결과에 따르면 병입수 대부분은 규제를 받고 있지 않기에 실제로 규제 감독이 심한 수돗물보다 안전하지 못한 게 사실이다. 이러한 연구 중 가장 잘 알려진 예는 1999년 미국의 천연자원보호협회가 4년에 걸쳐 미국의 103개 상표의 1,000여 개 종류의 병입수를 조사한 결과와 2004년 유럽의 광천수 68개 상표의 병입수를 조사한 결과를 들 수 있다. 후자의 조사는 네덜란드의 대학의료센터 로쿠스 클론트 박사가 시행한 것으로 병입수에 페니실린 곰팡이, 레지오넬라균 등을 포함한 세균 오염의 정도가 상당히 높다는 결과를 보여줬다. 또 다른 연구는 영국의 환경단체 서스테인이 2006년에 작성한 보고서 「병에 담아 보았는가? *Have you Bottled it?*」로 개인의 건강과 지구를 위해 병입수 대신 수돗물을 추천하는 내용이다. 코카콜라는 2004년 영국에서 자사 병입수 브랜드인 '다사니'에 복부통증이나 청력장애, 신장장애를 일으킬 수 있으며 높은 농도인 경우 죽음을 초래할 수 있는 화학물질인 브롬산염이 고농도로 들어있음이 발견되면서 제품을 리콜해야만 했다.

아직도 코카콜라와 같은 회사들은 자사의 물이 기적의 음료수인양 학교와 대학 등에서 공격적으로 판매를 하고 있고 병입수만이 마시기에 안전하다는 잘못된 믿음을 지닌 사람들을 대상으로 새로운 시장을 지속적으로 만들어가고 있다. 병입수의 가장 나쁜 점은 사람들로 하여금 물을 상품으로 보게 하고, 한 병 한 병 병입수를 소비하게 만들어 결과적으로 기업이 모든 물에 대한 권리를 장악하도록 조장해가고 있다는 점이다.

병입수 산업이 폭발적으로 성공하면서 물의 상업화에 대한 강력한 반격이 일어나고 있으며 이는 지구 물 정의 운동의 중요한 축을 이루고 있다. 개발도상국의 물 서비스 민영화는 관련 기술의 빠른 발전과 기업의 독점 현상을 만들어냈지만, 동시에 전 세계에서 시민들과 사회단체의 풀뿌리 운동이 일어나도록 자극했다. 지난 10년간 세계시민 운동은 다국적 기업들의 정치적 영향력이 커지는 것과 무제한적인 성장에 대항해왔다. 특히나 이들 운동가들은 과거 인류가 공유해야 할 것으로 생각했던 것들이 기업의 배타적 독점을 통해 소수에게만 혜택을 주는 물질로 변질되는 것에 대항하여 싸우고 있다. 이미 논쟁의 한

가운데 자리한 물 부족 문제를 보면, 물기업과 이들을 지지하는 세계
은행, 정치가들이 이러한 반격을 미처 모르고 있을 것 같지는 않다.

수천만이 사랑 없이 살아왔으나 물 없이는 한 사람도 살 수 없다.

_ W. H. 오든

(그의 시 「가장 소중한 것부터 *First things First*」 중에서)

04

Blue + Covenant

물 전사들의 반격

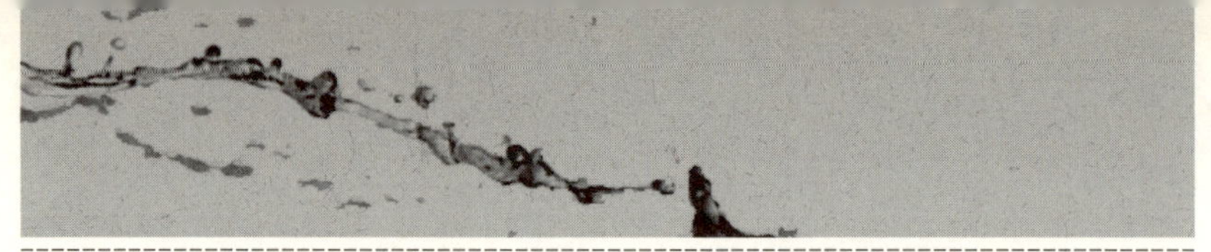

기업의 물 지배에 대한 엄청난 저항이 지구 곳곳에서 점차 더 커지고 조직화되면서 놀라울 정도로 성공적인 물 정의 운동으로 힘이 모아지고 있다. 깨끗한 물과 그 물이 가져다주는 생명, 건강, 존엄이 모두의 것이 될 수 있는 그 날을 위해 세계 곳곳의 단체가 '모두를 위한 물'을 소리 높여 외치며 싸우고 있다. 이들 중 많은 수가 수년간 학대, 가난, 배고픔을 겪어온 자들이다. 이들은 국가로부터 어떠한 교육과 보건의 혜택도 받지 못한 채 살아왔다. 세계은행이 이들의 정부에 구조조정을 요구하며 빈민층을 포기하도록 내몰았기 때문이다. 그러나 역설적으로 물에 대한 기업들의 욕심이 수백만의 사람들에게 아주 훌륭한 인식 전환의 기회를 제공해주었다. 물 없이는 살아갈 수 없기에 전 세계의 수많은 지역공동체가 그들 지역의 수자원에 대한 권리를 지키기 위해 소리를 내기 시작한 것이다.

물을 상품으로 보고 시장에 내놓고 제일 높은 가격을 부르는 이에게 주려고 하는 강력한 힘과, 물을 공공의 자산이자 인간과 자연의 공유물이며 기본적인 인간의 권리로 보는 자들 간의 싸움이 점차 격렬해지고 있다. '물 정의 운동'이라 불리는 이 싸움은 처음에는 전 세계 수백 개의 지역공동체가 댐 건설과 약탈에 의한 물 오염과 파괴로부터 그들이 사는 지역의 수원을 보호하고자 한 움직임에서 시작되었다. 타국의 세력, 그들이 사는 나라의 정부, 세계은행의 지원을 받는 병입수 산업과 수도시설로 돈을 버는 거대기업 등이 그들의 적이었다.

그러나 1990년대 후반까지 대부분의 운동은 물 위기가 지구적인 문제라는 것, 그리고 다른 유사한 노력이 여러 곳에서 시도되고 있다는 것을 알지 못한 채 개별적으로 일어나고 있었다.

라틴아메리카

이곳은 개발도상국 중 물의 사유화를 처음으로 실험한 곳이다. 이곳의 물 사유화가 결국 실패하고만 것은 많은 라틴아메리카 국가들이 신자유주의 시장 모델에 반대했기 때문이다. 이들은 북미자유무역협정(NAFTA)이 남쪽에까지 확대되는 것에 반대를 표했고 거대 물기업들이 그곳에서 철수하도록 만들었다. 또한 이들 국가는 가장 악명 높은 몇몇 세계기구로부터 탈퇴했다. 2007년 5월 볼리비아, 베네수엘라, 니카라과는 세계은행 산하 국제투자분쟁조정센터(ICSID)로부터 탈퇴를 선언했다. 이들 국가가 사기업들과 체결했던 물 공급 계약을 종료하자 기업들이 이 센터에 이들 국가를 상대로 보상에 대한 제소를 했기 때문이다.

라틴아메리카는 물이 풍부한 지역으로서 세계에서 인구 당 물 할당량이 가장 많은 곳 중의 하나여야 한다. 그러나 실제로는 가장 적은 곳인데 그 이유는 크게 3가지로서 모두 밀접하게 관련되어 있다. 지표수 오염, 심각한 빈부격차 그리고 물의 사유화가 그것이다. 이들 국가의 대부분 지역에서는 부유한 자들만이 깨끗한 물을 살 수 있다. 당연히 거대기업의 물 통제에 대한 가장 치열한 투쟁도 이곳에서 일어나고 있다.

볼리비아

국제적 관심을 끈 최초의 '물 전쟁'은 볼리비아의 중부도시 코차밤바의 구두기술자인 오스카르 올리베라가 토착민들과 함께 물 공급 민영화에 반대하면서 발발했다. 1998년 세계은행의 감독 하에 볼리비아 정부는 이 지역의 물 공급을 민영화하는 법을 통과시키고 미국의 거대기업 벡텔(Bechtel)과 계약을 체결했다. 이 회사는 물 값을 즉시 3배로 올리고 지불하지 않는 사람들에게는 가차 없이 물을 끊었다. 볼리비아의 최저 임금은 한달에 60달러가 채 안 되는 상태였고 많은 사람들이 한달에 20달러 수준의 요금청구서를 받았다. 당연히 납부가 불가능한 가격이었다. 이 회사는 심지어 물탱크에 모인 빗물에도 값을 매겼다. 그 결과 물 사유화에 반대하는 최초의 단체인 '물과 생명의 보호를 위한 연합'이 생겨났고 이들은 정부가 이 회사와의 계약을 취소하도록 요구하는 투표를 성공적으로 이끌어냈다. 정부가 이러한 요청을 듣지 않자 수천 명이 거리로 나가 비폭력시위를 했고 군대가

나서 이를 진압하다 수십 명이 부상을 당했으며 17살짜리 소년이 죽었다. 2000년 4월 결국 볼리비아 정부는 뜻을 굽혔고 벡텔은 볼리비아를 떠났다.

볼리비아 정부는 또한 라파스 지역의 물 공급을 민영화하라는 세계은행의 압력에 굴복하여 1997년 수에즈와 30년 물 공급 계약을 하면서, 라파스와 함께 근처의 고지대로서 원주민들이 살고 있는 엘알토까지 민영화 대상에 포함시켰다. 이 사업은 처음부터 문제가 많았다. 수에즈의 자회사인 아구아스델일리마니는 3가지 중요한 약속을 지키지 않았다. 이 회사는 일부 거주민에게는 물을 공급하지 않아 20만 명이 물 없이 지내도록 했고 수도 연결 명목으로 가난한 이들의 2년 가계예산 수준인 450달러를 요구했다. 또한 물의 공급과 폐수 처리를 위한 인프라 개선에 투자하지 않고 대신 라파스의 가난한 지역에 하수구와 관로를 만들어 쓰레기를 내보냈으며, 처리되지 않은 하수와 도살장에서 나오는 폐수를 유네스코 문화유산으로 선정된 티티카카 호수로 흘려보냈다. 여기에 한술 더 떠 요새 같이 생긴 추악한 시설물을 아름다운 일리마니 산 아래 짓고 산에서 눈이 녹아 흘러내린 물을 모아 간단한 처리만을 거친 후 라파스의 거주자들과 사업자들에게 그것도 돈을 내는 사람들에게만 배관을 통해 공급했다. 가장 인근에 위치한 솔리다리다드는 100여 가구가 전기, 난방, 수돗물도 없이 살고 있는 빈민가인데 이 회사는 이들이 이용하는 유일한 물 공급원까지 차단해 버렸다. 외국의 지원으로 이 지역에 건립된 학교, 병원 등이 물이 없어서 운영이 중단되었다.

엘알토 지역도 마찬가지 상황이었다. 수에즈에 대한 강력한 저항이 생겨났고, 지역위원회 및 운동가 조직인 FEJUVE의 지도 하에 2005년 1월 연이은 파업이 도시를 뒤덮었다. 도시는 혼란에 빠졌고 기업들은 사업을 계속할 수 없었다. 이러한 저항은 전 대통령인 곤잘로 산체스와 카를로스 메사를 축출하는 주요한 동력으로 작동했다. 이들을 대신해 대통령에 오른 볼리비아 최초의 원주민 대통령인 에보 모랄레스는 수에즈가 볼리비아를 떠나도록 협상을 주도했다. 2007년 1월 3일 모랄레스는 긴 난관을 거쳐 라파스와 엘알토 물에 대한 권리를 되찾은 것을 축하하기 위해 대통령궁에서 기념식을 가졌다. 이 자리에서 모랄레스 대통령은 "물 공급은 공공사업 분야로 남아있어야 한다. 국민이 거의 무료로 물을 쓸 수 있도록 국가가 관여해야 한다"고 이야기했다.

아르헨티나

라플라타 강(Rio de la Plata, '은(銀)의 강'이라는 뜻)은 아르헨티나의 수도 부에노스아이레스와 우루과이의 수도인 몬테비데오를 가르고 있다. 이 강은 거대한 규모 때문에 담수로 이루어진 바다로 여겨져 500년 동안 사람들에게 마르둘세(Mar Dulce, '부드러운 바다'라는 뜻)로 불렸다. 그러나 라플라타 강은 최근 다른 이유 때문에 유명세를 타고 있는데, 우주에서도 오염 상태를 확인할 수 있는 몇 안 되는 강 중 하나로 꼽히기 때문이다. 2006년 3월 21일, 아르헨티나 정부는 1993년에 수에즈의 자회사인 아구아스아르헨티나와 체결한, 부에노스아이레스 물 공급 시스템 운영에 관한 30년 계약을 무효화했다. 이 회사가 폐수를 처리하겠다는 처음의 약속을 지키지 않고 도시하수의 90퍼센트를 강으로 계속 내보냈기 때문이다. 뿐만 아니라 이 회사는 물 공급을 맡았던 10년간 지속적으로 물 값을 올려 총 88퍼센트의 요금 인상이 이루어졌다. 수질 악화도 원인으로 작용했는데 이 도시 7개 지역의 물은 질소가 아주 높은 농도로 사람이 섭취하기 어려운 수준이었다. 이 도시의 고충처리원이 작성한 2007년 4월 보고서에 따르면 도시 남부지역의 15만 명 대부분이 더러운 하수구에 노출된 채 오염된 식수를 마시고 있었다고 한다.

그러나 '식량과 물 감시단'이 보고했듯이, 미주개발은행은 수에즈가 엄청난 이익을 남기면서도 인프라나 서비스를 위한 투자는 거부하고 있다는 수많은 증거를 확보하고도 1999년까지 수에즈를 계속 지원했다. 어이없게도 수에즈는 세계은행 산하 국제투자분쟁조정센터를 통해, 프랑스 정부의 지원을 받아 '투자했던' 17억 달러와 그동안 징수하지 못한 수도요금 3,200만 달러까지 보상받으려고 했었다. 또한 2005년 12월에는 산타페 지역에서도 철수해야 했는데, 13개 도시에 30년간 물을 공급하기로 계약했다가 퇴출되자 역시 세계은행 산하 국제투자분쟁조정센터를 통해 산타페 지역 정부에 1억8,000만 달러 규모의 소송을 제기했다. 부에노스아이레스와의 계약 무효화 직후 수에즈는 아르헨티나의 마지막 점령지 코르도바에서마저 퇴출되었다. 당시 수도요금은 무려 500퍼센트가 인상된 상태였다.

이 모든 퇴출의 가장 큰 동력은 시민들의 강력한 저항이었다. 로베르토 무노스 등이 이끈 산타페의 물 사용자와 주민들의 연합은 대규모 투표를 조직한 실질적인 당사자들이었다. 이 투표에는 산타페 지역 인구의 4분의 1이 넘는 25만6,000명이 참여해 수에즈와의 계약을 백지화시켰다. 이들은 2002년 11월에는 7,000명의 운동가와 시민들을 모아 '물 권리를 위한 지역 모임'을 꾸렸고 이를 통해 수에즈에 대한 정치적 반대를 위한 발판을 하나하나 마련했다. 코르도바의 '물 권리 회복을 위한 주민위원회'는 '모두를 위한 공적인 물'이라는 명확한 목표를 가지고 노동조합, 지역센터, 사회기구, 정치가들이 참여한 고도로 조직화된 네트워크를 형성해 정부가 수에즈와의 계약을 취소하도록 일조했다. 이 네트워크의 대표이자 수에즈로부터 스카우트 제의를 받기도 했던 루이스 바잔은 "우리가 원하는 것은 사기업이 아닌 공공기업이다. 이에 대한 경영은 근로자, 소비자, 지역정부가 맡아야 하며 수질과 오염에 대한 관리는 대학교의 전문 연구원들이 담당해야 한다"라고 말했다.

멕시코

멕시코는 라틴아메리카의 물 사유화를 위한 교두보 역할이 가능한 곳으로 돈만 있다면 물에 대한 모든 권한을 가질 수 있고 동시에 정부에 대한 조정 역시 가능한 국가다. 멕시코 지표수 중 마실 수 있는 물은 9퍼센트에 불과한데도 대수층의 물은 사정없이 뽑아 올려지고 있다. 멕시코물위원회에 따르면 멕시코 국민 중 1,200만 명은 마실 물을 전혀 공급받지 못하고 있고 다른 2,500만 명은 일주일에 단 몇 시간만 물이 나오는 지역에 살고 있다. 폐수의 82퍼센트가 처리되지 않은 채 방류되고 멕시코시티는 물 부족으로 인해 2,200만 명의 주민들이 위기에 직면해 있다. 빈민가나 변두리 지역의 수도시설은 물을 틀면 바퀴벌레가 나올 정도로 열악하다. 일주일에 단 한 번 트럭이 와서 마실 물을 파는 지역도 멕시코 곳곳에 있는데, 종종 정치가들이 선거에서 표를 얻으려고 물을 싣고 와 팔 때도 있다.

1983년 멕시코 정부는 물 공급에 대한 책임을 개별 도시들에 위임했고 1992년 개별 도시들이 필요한 자금을 기업으로부터 벌어들일 수 있도록 물 공급을 민영화할 수 있는 법안이 통과되었다. 물산업 민영화는 전 대통령인 빈센테 폭스가 지원한 것으로서 그 자신이 코카콜라의 선임이사였고 현재 대통령인 펠리페 칼데론도 이 법안을 지지하고 있다. 세계은행과 미주개발은행은 멕시코에서의 물 민영화를 적극적으로 지원하고 있다. 2002년 세계은행은 물 민영화 협상을 시작한 도시들에 한해 물 관련 인프라를 개선할 수 있도록 250억 달러를 지원했다.

수에즈는 멕시코에 확실한 지지기반을 가지고 있어 멕시코시티, 칸쿤 등을 포함 10여 개 도시에서 물 관련 서비스를 담당하고 있다. 수에즈의 수처리 부문 지사인 디그리몽은 산루이스포토시 등 여러 도시에서 큰 규모의 계약을 체결했다. 물의 민영화는 멕시코의 물위원회인 CONAGUA의 가장 중요한 사안이 되고 있다. 다른 나라에서도 그랬듯 멕시코의 물 공급 민영화 역시 물 값 인상을 가져왔고 이들 기업의 약속 불이행이 문제를 일으켰으며 요금을 지불하지 못하는 자들에게는 물 공급이 중단되고 있다. 살티요의 물 사용자 연합은 2004년 국가의 회계감사관에 의한 감사에서 이 지역에 들어와 있는 수에즈와 멕시코계 회사 아구아스드바르셀로나가 저지른 계약 위반과 법률 위반 증거들을 포착했다고 보고했다.

깨끗한 물에 대한 권리를 되찾고 기업의 조정에 내항하기 위한 활발한 시민사회운동이 곳곳에서 결집되고 있다. 2005년 4월 물의 사유화에 대한 풀뿌리저항운동을 조직하기 위해 멕시코의 사회분석정보훈련센터(CASIFOP)가 400명 이상의 운동가, 지역주민, 농민, 학생들을 한데 모았다. '물 권리를 위한 멕시코 단체 연합(COMDA)'은 환경 및 인권단체, 원주민 집단과 문화 단체 등으로 이루어진 대규모의 연합으로 물에 대한 운동뿐만 아니라 지역사회에 기반을 둔 교육, 멕시코 역사에서의 물의 의미, 공공의 물에 대한 권리 보호 등을 위한 입법안 등에도 노력을 기울이고 있다. 이들은 자신들의 관점을 지지해줄 정부가 탄생하길 원했으나 2006년 대통령선거에서 진보 세력의 후보인 안드레스 마누엘 오브라도르 대신 펠리페 칼데론이 당선되면서(많은 사람이 그의 당선에 부정이 개입되었다고 의심하고 있다) 이들의 희망도 사그라졌다. 칼데론은 물 공급의 민영화를 공고히 하기 위해 물기업들과 공공연히 협력하고 있다.

칠레

칠레는 10년 동안 물 공급에 대한 전 분야를 영국의 기업에 맡겼다. 기존 정치권의 시장 중심 이데올로기가 워낙 강력했기 때문에 민영화에 대한 저항운동은 아주 힘든 과정이었다. 신자유주의시장으로의 재편은 독재자 피노체트의 핵심 정책이었고 그의 재임 동안 행해진 모든 잔학 행위들 역시 이를 이유로 정당화되었다. 칠레는 교육에서 보건까지 정부가 제공하는 모든 서비스를 일찍부터 민영화했던 나라 중의 하나로 전기와 물의 민영화가 곧 뒤따랐다. 처음에 칠레는 영국의 대처수상이 제안한 물 민영화모델, 즉 기업이 물 공급 시스템 전체를 사들여 통째로 관리하는 모델을 채택했다. 그러나 외국기업에 물 관리를 전적으로 맡기게 될 경우 환경에 악영향을 끼칠 것이라는 우려가 증폭되면서 칠레 정부는 일부 위임이나 관리 차원의 모델을 택하고 정부가 일부분에 대한 관리는 직접 하는 방향으로 계약 형식을 바꾸어야만 했다.

물 공급을 민영화한 라틴아메리카의 다른 국가에서 그러했듯이 칠레에서의 물 값도 지속적으로 상승했고 수백만 인구가 적절한 물 공급을 받지 못하게 되었다. '식량과 물 감시단'의 보고에 따르면, 칠레 정부는 수도요금의 상승률이 20퍼센트 수준이라고 말하고 있으나 시민단체가 조사한 몇몇 지역의 물 값 상승률이 200퍼센트에 달하는 등 물 값 상승률은 정부가 발표한 수준을 훨씬 웃돌고 있다. 물 민영화는 칠레의 지배 계층에서 특히 이상적인 것으로 받아들이고 있다. 2000년 국민투표에서 칠레의 중부계곡 지역 투표자의 99.2퍼센트가 물의 사유화를 반대했으나 정부는 결국 이 지역의 서비스를 민영화해 버렸다. 지금 칠레는 중도좌파 성향인 미첼 바첼렛의 새로운 정부가 칠레 물 공급의 공적 관리에 대한 국민의 바람에 좀더 귀를 기울여주기를 희망하고 있다.

칠레의 수자원에 대한 또 다른 위협이 있었다. 악명 높은 캐나다의 광산회사인 배릭골드가 빙하 아래 매장된 금을 얻기 위해 칠레와 아르헨티나의 국경 지역에서 3개의 빙하 상부를 제거하려고 했던 것이다. 시민 단체의 성공적인 반대 운동으로 이러한 시도는 결국 무산되고 말았지만 배릭골드는 파스쿠아−라마 광산으로부터 50만 킬로그램의 금을 채취할 권리를 부여받았고 그 자제만으로도 지금까지 논란의 중심에 있다. 배릭골드의 당초 계획은 주변 지역의 70만 소농들이 이용하고 있는 강 유역의 상류에 위치한 빙하 8억2,600만 리터를 폭파하거나 불도저로 제거하려는 것이었다. 배릭골드는 이제 처음에 생각했던 노천굴 대신에 산을 폭파하는 작업을 해야만 하는데 이는 비용이 훨씬 더 많이 드는 공사다. 전 대통령 후보인 사라 라레인이 이끄는 환경단체 '지속가능한 칠레'를 비롯한 환경운동가들은 대통령인 바첼렛으로부터 중요한 서명을 받아냈는데, 이는 빙하를 지속적으로 보호하고 새로운 환경부를 조직하여 물을 포함한 국가의 자연유산에 대해 연구하고 보호하겠다는 내용의 동의서였다.

에콰도르

2007년 3월 1일, 에콰도르의 수도 키토의 시장은 이미 4년 동안이나 진행되어온 물 공급 민영화 계획을 중단하겠다고 선언했다. '공공을 위한 물 보호 연합'은 컨설팅업체 프라이스워터하우스의 보고서를 인용하여, 키토 시라면 2,000만 달러를 투자했을 프로젝트를 사기업이 단 700만 달러에 끝내려하고 있다는 정황을 보여주었다. 이 기업은 단 6년 만에 수익을 내기 시작할 것이고 수익의 규모는 30년 동안 무려 2조2,600만 달러에 이를 것이다. 이 연합은 비텔의 지사인 과야킬인테라과의 악행도 고발했다. 2001년 초 에콰도르의 가장 큰 도시로서 인구 200만 명이 거주하는 과야킬의 물 공급을 맡게 되자 이 기업은 모든 근로자를 즉시 해고하고 폐수의 95퍼센트를 지역의 강으로 배출해서 2005년 대규모 간염 A형 발병을 일으키고 돈을 내지 못하는 수천 명에게 단수 조치를 취했다. '식량과 물 감시단'은 이 지역의 시민 네트워크인 '공공서비스 시민 관찰대'가 정부에게 이 회사의 위반 사실에 대해 벌금령을 내리도록 요구하고 있다고 보도했다.

그 외 국가들

물 민영화를 거부하고 있는 라틴아메리카의 지역으로는 콜롬비아의 보고타 등 여러 곳이 있다(콜롬비아는 카르타헤나를 포함한 일부 지역에서 물 민영화를 채택하고 있다). 파라과이는 2005년 7월 상원이 제기한 물 민영화 정책안을 하원에서 거부했고, 니카라과는 시민사회단체의 격렬한 투쟁 결과 2007년 1월 폐수 처리 인프라의 민영화 전환에 대한 소송에서 정부가 패소하는 성과를 이룩했다. 브라질은 대부분의 도시에서 시민의 강력한 저항으로 물 민영화가 중단되었다. 불행히도 페루에서는 물 값 상승, 부패, 부채 증가 등에도 불구하고 국민들의 저항이 물의 민영화를 중단하지 못하고 있다.

아시아태평양

거의 모든 아시아태평양 국가는 물기업에 의한 관리를 도입했거나 고려 중이다. 세계은행과 아시아개발은행은 지역 전반에 걸쳐 거대 물기업들의 진출을 적극 돕고 있다. 또한 이들은 2006년 세계물위원회(WWC)의 아시아태평양 지부인 '아시아태평양 물포럼'을 조직하고 2007년 12월 일본에서 처음 회의를 가졌다. 물기업들과 아시아개발은행은 민영화가 시행된 전 지역에서 반대 운동이 점차 강력히게 일어나자 더욱 조직적이고 전방위적인 전략을 세우고 있다. 2003년 12월, 물 권리를 보호하기 위한 새로운 아시아태평양 네트워크가 주 빌리사우스(Jubilee South)와 '아시아태평양 채무와 개발 운동'의 지 원을 받아 방콕에서 첫 회의를 가졌다. '물과 권력에 대한 인간의 권 리'라고 불리는 운동도 시작되었다. 이는 WTO의 모든 거래와 투자 협정으로부터 물을 제외시키고 가난한 나라가 채무로 인해 물 사유화 에 반대하지 못하는 현실을 밝히며 인권으로서의 물에 대한 인식을 넓히기 위해 활동하고 있다. 2007년 5월, '채무로부터의 해방 운동' 소속 회원 수백 명이 마닐라에서 열린 제40회 아시아개발은행 대표자 연례회의 장소 앞에 구름떼처럼 모여들었다. 이들은 물 서비스 민영 화를 비롯한 아시아개발은행의 정책으로 인해 이 지역의 자연이 파괴 되고 빈민층이 늘어나고 있다며 이들의 정책에 대한 반대 의사를 표 명했다.

인도

인도는 자연자원을 지역사회가 관리하고 조정하는 전통을 소중히 간직해온 국가다. 그러나 최근 몇 년 동안 기업가계층이라는 새로운 집단이 생겨나면서 인도는 많은 부문에서 워싱턴합의의 모델을 채택 하기 시작했다. 인도의 물 민영화는 '무엇이든 민영화되는 물 정책'이 라 불리는 '2002 물 정책'에서부터 추진되었다. 1년 후 인도의 도시 개발부는 물 위기에 있어 공공자금의 흐름을 신뢰할 수 없다는 내용 의 가이드라인을 발간하고 이를 통해 음용수 부문의 민영화를 호의적 인 분위기로 만들고자 했다. 도시개발부는 이것이 논란을 불러일으킬 것임을 알고 있었다. 2000년, 안드라프라데시 지역의 분노한 농민들은 세계은행에 우호적인 정치가들이 지원한 물 민영화 관련 행사에서 당시 세계은행의 대표였던 제임스 울편슨을 내쫓아버렸다. 심지어 도시개발부는 물 민영화로 국민들이 10배에 달하는 물 값 인상을 감당해야만 할 것이라고 시인했고 그 결과 엄청난 비난을 받았다. 인도는 지금 민영화의 한가운데 서 있다. 이 나라 전역에 진출한 거대 물기업들이 각 도시와 물 공급 계약을 체결하거나 수도시설 전체를 사들이기 위해 경쟁 중이다.

비텔은 타밀나두에서 물과 폐수 서비스를 도맡고 있다. 베올리아는 잠셰드푸르, 아그라, 캘커타, 비사카파트남에서 시설을 운영 중이다. 템스는 인도르에서의 물 공급에 관심을 가지고 있다. 앵글리언은 마이소르, 망갈로르, 후블리, 다르와르에서의 물 공급 사업을 노리고 있다. 수에즈는 자사인 디그리몽을 운영하면서 델리, 방갈로르, 첸나이, 나그푸르 등에서 사업을 하고 있다. 델리의 시설은 특히 논란이 많은데, 처리 시설을 건설한 회사가 운영권을 가지게 되고 이 운영을 통한 수익을 인도 정부가 보장하는 것으로 되어 있기 때문이다. 게다가 이 5,000만 달러짜리 프로젝트는 30킬로미터에 이르는 거대한 관로 건설을 포함하고 있는데, 이 관로는 강가 강 상류의 물을 세계은행이 지원하고 있는 테흐리 댐을 통해 델리 지역으로 돌려 식수로 공급하기 위한 것이다. 이 사업을 위해 수천 명의 사람들이 그들의 집과 농장에서 강제로 이주당해야 했으며, 갠지스 강의 신성한 물을 인공적으로 우회시킨다는 것 때문에 국제적으로 많은 논란이 일어났다. '물 민주주의를 위한 시민전선' 나브나냐 같은 단체의 강력한 저항운동이 일어나자 인도 정부는 기존 입장을 빠르게 철회하고 있다. 그들은 지금 진행되는 사업은 민영화가 아니라 공공과 기업간 파트너십에 의한 것이며 정부의 관리는 지속될 것이라고 국민들에게 말하고 있다.

인도 정부는 또한 14개의 히말라야 강과 남반구 개발도상국의 16개 강을 연결시키는 말도 안 되는 사업에 대해서도 일시적으로나마 한 발 물러선 상태다. 이 사업으로 어마어마한 면적의 농토에 물을 댈 수 있다고 했으나, 재앙 수준의 환경문제가 생길 것이라는 우려와 수백만 명의 이주 문제로 심각한 비난에 부딪힌 것이다. 그러나 불행하게도 강 전체가 사기업에 팔리는 것을 막아보자는 투쟁은 그리 성공적이지 못한 상태다. 기업협회가 차티스가르의 셰오나스 강을 비롯한 27킬로미터의 강에 대해 22년간 독점 사용권을 갖고 있기 때문이다. 인도는 코카콜라와 펩시와 같이 시골지역에 공장을 건설하여 고갈되고 있는 소중한 물을 퍼내 엄청난 피해를 만들고 있는 병입수 산업에 대해서도 강력한 저항운동을 계속하고 있다.

인도는 전 세계에서 가장 강력한 댐 저항운동 지역 중의 하나로서 세계적으로 유명한 환경운동 지도자인 메다 파트카르, 반다나 쉬바, 아룬다티 로디 등이 이 운동을 이끌고 있다. 가장 강력한 저항은 '나르마다 살리기 운동'이 이끄는 투쟁으로서 사르다르 사로바르 댐 건설을 막는 것을 목표로 하고 있다. 이 댐은 30개의 대규모 댐 중 가장 큰 규모이며, 나르마다 강과 그 지류에 3,000개의 중소 규모의 댐이 세워질 예정이다. 이 댐이 건설될 경우 원주민과 소농 등 백만 명이 그들의 땅에서 강제 이주되어야만 한다.

인도네시아

1998년, 수에즈와 템스워터는 세계은행과 아시아개발은행으로부
터의 지원과 자금, 그리고 당시 인도네시아의 독재자였던 수하르토와
의 관계를 이용하여 공적 자문이나 입찰 과정도 없이 자카르타의 물
공급에 대한 특권을 인정받았다. 이 2개의 기업이 가난한 이들에게도
물을 공급하고 새로운 관로 건설 및 복구 관련 인프라에 수백만 달러
를 투자하겠다던 계약을 위반했다는 증거는 너무나 많다. 물 값을 지
불할 수 있는 이들에게만 물이 공급되고 가난한 이들에게는 더 이상
서비스가 제공되지 않는 상황은 점점 더 심각해졌다. 가난한 이들이
사용하던 물에 계량기가 달렸고 물 요금은 35퍼센트까지 급등했다.
자카르타에 거주하는 빈민의 70퍼센트는 더 이상 수돗물을 사용할 수
없다. 2007년 2월 「자카르타 포스트」는 수에즈와 템스워터가 그들이
약속한 투자를 이행하지 않고 있고 그들이 서비스를 제공한 기간 동
안 새로 연결한 수도의 연간 비율이 과거의 공공 시스템일 때보다 훨
씬 더 낮다는 사실을 보도했다. 이 비율은 1988~1997년에 매년
11.68퍼센트씩 떨어졌고 그 이후로는 매년 5.61퍼센트씩 떨어졌다.
이들 기업과 정부가 계획한 많은 사업들은 인도네시아 내 저항 세력
의 강한 반발로 무산되고 있다. 채무면제를 위해 활동하고 있는 대규
모의 시민사회네트워크인 주빌리사우스와, 지칠 줄 모르는 운동가 니
라 아르디아니가 이끄는 인도네시아지구화포럼이 이들과 맞서는 주
된 세력이다.

필리핀

마닐라에서의 물 민영화는 부자들에게만 유리하고 계층간 격차를 심화시키는 시스템으로 작용해왔다. 1997년 마닐라는 세계은행과 아시아개발은행으로부터 받은 상당한 자금을 배경으로 수에즈를 포함한 몇몇 기업들과 협조하며 물 공급 민영화에 착수했다. 신설기업 마닐라워터서비스는 저렴한 수도요금, 기존 소비자들에 대한 지속적인 물 공급, 2006년까지 모든 이들이 물 공급을 받을 수 있도록 서비스 확대, 물이 새는 구조물을 개선하여 자원 손실 방지, 2000년까지 세계보건기구의 물 및 방류수 기준 준수 등과 같이 언뜻 보기에는 아주 엄격해 보이는 약속을 내세우며 물 공급 승인을 받아냈다. 그러나 '필리핀인을 위한 물 네트워크' 등의 비평가들에 따르면 마닐라워터서비스는 지금까지 이중 어떤 약속도 이행하지 않았다. 마닐라의 빈민층 700만 명은 기존보다 훨씬 열악한 물 관련 서비스를 받고 있으며 요금 역시 민영화 시행과 동시에 상승했다. 2003년 10월, 마닐라 서부에서 콜레라가 발생해서 6명이 죽고 600명 이상이 입원하는 사태가 발생했다. 필리핀대학교의 조사에 의해 마닐라워터서비스가 공급한 물이 대장균으로 온통 오염되었음이 밝혀졌다. 또한 1997년과 2007년 사이 수도요금은 무려 357퍼센트나 급등했다.

호주

호주의 정치가들은 그들의 물 위기가 심각하다는 것을 계속 부정하고 있다. 호주 정부는 호주를 여전히 무한한 성장 가능성을 지닌 나라로 여기며 홍보하고 있다. 정치권이 힘을 합쳐 강도 높은 보전 노력을 기울여야만 하는 바로 이 순간에도 그들은 수자원을 대규모로 퍼내는 일을 허용하고 있다. 호주의 여기저기에 코카콜라 공장이 건설되고 있고 시골 지역의 물 재산권을 파는 물 거래 역시 점점 증가 추세에 있다. 담수화시설도 계속 지어지고 있고 유럽의 거대기업들이 호주의 여러 도시에서 매우 불량한 물 공급 시스템을 운영 중이다. 애들레이드에 템스워터와 베올리아의 합작회사인 유나이티드워터가 들어온 지 15개월 만에 이 도시는 끔찍한 악취로 뒤덮였다. 한 연구 결과는 악취의 원인이 이 회사가 폐수 처리를 제대로 하지 않았기 때문이라고 밝혀냈다. 1993년과 2000년 사이 애들레이드의 수도요금은 60퍼센트나 증가했다. 1998년 시드니의 주민들은 수돗물이 기생충에 감염되어 물을 끓여 먹을 수밖에 없게 되었다. 정부는 그 비난을 수에즈에게 직접 물었다.

퀸즐랜드 주민들은 재순환된 폐수를 음용수로 공급받는 것에 대해 수년간 엄청난 저항운동을 지속해 이를 저지했다. 배관공 로리 존스와 혈기 넘치는 운동가 로즈마리 몰리가 조직한 '폐수 마시기를 거부하는 시민단체'는, 2006년 7월 실시한 터움바 지역의 폐수 재이용에 대한 국민투표에서 반대 의견을 이끌었고 이는 세계적으로 지대한 관심을 받았다. 2007년 2월 이 단체는 "우리의 주지사는 왜 싱가포르에서 온 폐수를 마시려 하는가?"라는 문구가 써진 포스터를 내걸었다. 포스터에는 당시 주지사였던 피터 비티가 싱가포르에서 수입된 뉴워터(NEWater)를 마시고 있는 사진이 들어있었다. 재순환된 하수돗물을 브리즈먼으로 들여오려는 유사한 계획이 발표되었을 때 이 단체는 『마시기 전 생각해 보세요. 하수가 음용수의 공급원?』이라는 책 40만권을 집집마다 배포했다. 멜버른에서는 빅토리아여성연합의 리즈 맥알룬이 '워터마크 오스트레일리아'라는 교육 프로그램을 운영하고 있다. 이 프로그램은 미래의 물에 대한 계획을 수립하는 데 일반 시민들이 참여하도록 하는 사업이다.

그 외 국가들

그 외 아시아태평양 국가에서도 유사한 운동이 일어나고 있다. 베트남은 수에즈와 체결한 폐수 관련 계약을 1997년에 끝냈다. 2007년 4월 한국에서는 전국공무원노동조합과 시민사회단체 물사유화저지 공동행동이 보고서를 발간하여 기업이 물 공급 사업에 참여하는 것을 비난하고 이러한 입장을 대중에 널리 알리고자 하였다. 말레이시아의 127개의 인권단체, 지역사회, 환경단체 간의 연합으로 이루어진 물사유화반대연합은 정부가 계획한 민영화 정책에 강력한 저항운동을 벌여 정부가 포기하도록 했고, 2005년 1월 정부가 추진 중이던 물 관련 법령을 무효화시킴과 동시에 물이 공공의 자원임을 선언했다. 그러나 2006년부터 그들의 승리는 점점 퇴색하고 있는데 정부가 가장 오염된 3개의 강에 대한 관리와 통제를 기업이 30년간 전적으로 맡도록 승인하는 입법안을 통과시켰기 때문이다.

스리랑카에서의 저항운동은 2004년 12월 쓰나미가 이곳의 물 공급 시스템을 완전히 파괴하면서 위기를 맞았다. 아시아개발은행은 물 관리를 민영화시켜야 이러한 시설들을 다시 세우기 위해 필요한 자금과 차관을 내주겠다고 했다. 결국 쓰나미가 일어난 지 4일 만에 스리랑카 정부는 물 부문의 사업을 기업에게 개방한다는 입법안을 통과시켰다. 아시아개발은행의 강력한 지원을 받아 2006년 스리랑카 정부와 영국의 물기업 세번트렌트가 체결한 카트만두 물 민영화 계약에 대해 네팔의 운동가들은 극렬한 저항운동을 벌였다. 도시계획사업부의 신임 총리 히시라 야미는 2007년 4월, 스리랑카 정부가 물의 공급을 민영화하려는 결정은 어머니를 파는 것과 같은 것이라고 하면서 강력하게 정부의 결정을 반대했다. 바로 그 다음달 극심한 저항에 부딪힌 세번트렌트는 네팔에서 사업을 철수할 것이라고 발표했고, 히시라 야미는 카트만두의 물 공급을 국가가 지속적으로 관리할 것을 약속했다.

아프리카

아프리카의 물 위기는 빈곤만큼이나 심각하고 물기업들도 아프리카에서의 사업에는 큰 관심을 보이지 않았다. 그러나 이 지역에서도 물에 대한 사유화가 점차적으로 증가하고 있고 이에 대한 저항 역시 함께 커져가고 있다.

남아프리카

1994년 남아프리카에서 흑인격리정책이 종말을 맞았을 당시 이 나라의 4,000만 인구 중 1,400만 명이 물을 제대로 공급받지 못하고 있었고 2,100만 명은 하수도 시설의 혜택을 받지 못하고 있었다. 넬슨 만델라 정부의 주요한 공약은 바로 이들 내부분의 흑인에게 물을 공

급하는 것이었고 이 약속은 매달 물 6,000리터를 각 가정에 무상으로
제공하겠다는 약속으로 시작했다. 그러나 세계은행의 압력에 따라,
또한 시장주의를 기반으로 남아프리카의 경제를 발전시키려는 새 정
부의 의지에 따라, 수에즈가 요하네스버그의 물 공급을 도맡았고 수
도요금 체계가 생겨나 사람들의 집에 계량기가 설치되었다. 새로 들
어선 음베키 정부는 10년 전에 비해 수백만 명 이상의 국민들이 새롭
게 물을 공급받고 있다고 주장하지만 어떤 불편한 진실에 대해서는
여전히 숨기고 있다. 이는 비트바테르스란드대학교의 연구에서 잘 드
러나는데, 2001년 무려 1,000만 명의 국민이 요금을 지불을 하지 못
해 단수되고 있다는 사실이다.

물의 사유화에 반대하는 큰 목소리가 수많은 도시와 마을에서 들리
고 있다. 인권단체, 노동자, 환경운동가들로 구성된 물사유화반대남
아프리카연합은 소작농연합, 남아프리카도시근로자조합, 아프리카주
빌리사우스 등과 함께 저항운동을 지속해가고 있다.

그 외 국가들

'인권을 위한 나미비아 자연사회그룹' 은 2000년 선불계량기가 설
치된 이후부터 많은 국민들이 물 공급을 제대로 받지 못하고 있다고
주장하면서 싸움을 계속해오고 있다. 나이지리아의 '생명의 빵 재단
과 물 감시단' 은 물의 사유화에 대한 정부의 지원에 저항하여 투쟁을
하고 있는데 다른 불법행위 중에서도 이러한 사업들이 아무런 환경적
평가가 없었다는 점에 책임을 묻고 있다. 이 그룹들은 정부가 물 민영
화의 기반을 만들기 위해 국민들의 물에 대한 권리를 제한하는 것에

대해 격분하고 있다. 베올리아는 가봉에서 최초로 수도 연결을 증가시켰으나 이러한 투자의 대부분은 지원금과 정부자산이 대부분이고 실제로 필요한 이들에게 충분히 공급할 수 있는 정도도 아니었다. 이 나라에서 2004년 12월 처음으로 장티푸스의 대규모 발병이 일어나자 지역당국은 사유화 실험의 실패를 원인으로 지목했다. 2005년 말리의 정부는 물 관리를 맡고 있는 프랑스 회사의 운영권을 다시 찾아와 국영화했다. 2007년 2월 가이아나 정부는 영국회사 세번트렌트의 약속 불이행으로 20년 계약을 5년 만에 끝내야했다.

가나에서는 세계은행의 횡포에 맞서, 물사유화반대연합과 공공부문 근로자들의 격렬한 투쟁이 수년간 지속되었다. 세계은행은 가나 정부에 물 서비스 관련 자금 지원을 조건으로 내걸었고 5년간의 고투 끝에 2005년 11월, 가나의 수도 아크라의 물 운영권이 네덜란드 기업 비텐스와 남아프리카랜드워터에게 넘어갔다. 2002년 국제진실규명위원회는 이 계약이 체결되기도 전에 이미 물 값이 엄청나게 올랐다고 지적하면서 이는 정부가 민영화 이행을 위해 국민들을 준비시키는 단계에 임하고 있는 것이라고 주장했다. 오늘날의 수도 서비스는 빈곤층에게는 아무런 혜택도 없다. 아프리카 지역의 시민사회그룹은 그래도 탄자니아에서는 운이 있었던 편이다. 탄자니아 정부가 2년 만에 영국 기업 바이워터와 체결한 계약을 2005년 취소했기 때문이다. 세계은행은 1억4,300만 달러를 탄자니아에 투자했으나 정부는 관로 신설, 수질에 대한 투자와 공정한 물 서비스 보장 등 이 회사가 제안한 많은 약속들이 이행되지 않았다는 이유로 바이워터를 상대로 소송을 걸었다. 2006년 4월 바이워터는 국제투자분쟁조성센터를 통해 딘자니아가 이 계약을 취소한 것에 대해 2,500만 달러를 요구했다. 캐나다와 스위스의 인권단체들은 탄자니아의 시민사회그룹과 함께 바이워터에 대항하여 증언하기 위해 법정에 공동으로 자료를 제출했다. 이는 국제적 연대 투쟁의 대표적인 사례가 되었다.

캐나다와 미국

유사한 투쟁이 북미지역에서도 진행 중이다. 캐나다와 미국의 물 민영화는 세계은행의 구조조정 정책에 의해 강요되는 양상은 아니다. 그러나 수자원 개발과 공급에 있어 이들 정부가 시장원리에 기초한 해결방안을 채택한 만큼, 사유화에 대한 정치적 분위기는 이미 형성된 상태다. 재정이 약한 도시들은 물 공급에 대한 부담을 덜 수 있는 방법을 찾고 있다. 기업의 투자와 물 가격 책정이 시의 재정 부담을 덜 수 있다는 전망에 많은 중소도시 정치가들이 지역의 물 공급을 국내 혹은 국외 기업에 넘겨볼까 생각하고 있는 중이다. 그러나 이들 두 나라의 국민들은 공적으로 관리되는 질 좋은 서비스를 적절한 가격에 공급받는 것에 애착을 가지고 있어 악행을 일삼는 사기업에 맡기는 것에 반발하고 있다.

캐나다

캐나다에서는 단지 소수의 도시들만이 물 민영화를 시도했다. 그러나 이 역시 물감시단에 의해 강력한 저지를 당해야했다. 물감시단은 캐나다공무원조합, 캐나다회의, 캐나다환경법연합 등이 함께 설립한 기구인데 지금은 학생, 원주민 그룹, 종교 단체들까지 참여하고 있다. 퀘벡의 오스쿠르라는 단체는 물 공급과 관련된 문제를 대중적 논제로 가져오는 데 훌륭한 성공을 거두었다. 이 단체는 1999년 퀘벡 몬트리올의 민영화 계획을 성공적으로 저지했는데, 한 신문은 이를 '거대한 대중 논쟁'이라 불렀다. 2001년 밴쿠버에서는 1,000명 이상의 사람들이 도시의 물 여과 시설을 민영화하려는 계획에 반대하기 위해 대중 포럼에 참여했고, 2002년 토론토에서는 북미자유무역협정의 물 민영화 결정 논란이 물의 공적 관리 유지를 위한 투표로 이어졌다. 2003년 핼리팩스에서는 항구를 맑게 하는 사업에 대해 협의하던 수에즈가 환경 기준 준수를 거부했다. 이는 2006년, 2010 동계올림픽 개최지인 휘슬러에서도 마찬가지였다. 해밀턴에서는 저항이 성공적이지 못했고, 멍크턴과 색빌에서는 강한 반발에도 불구하고 다양한 수준이 물의 사유화가 진행되었다.

캐나다의 가장 큰 우려는 미국의 갈증 해소를 위해 어마어마한 물이 상품으로 수출되는 것이다. 물은 북미자유무역협정에 의해 거래 가능한 상품으로 간주되고 있어 만일 어떤 지역이라도 물의 상업적 수출을 허용한다면 이를 중지하기가 어렵다. 물은 또한 투자 대상으로도 분류되어 있다. 따라서 만약 미국 물기업들, 혹은 프랑스 거대기업의 미국 지사들이 캐나다에서 사업을 시작했는데 캐나다 정부가 법규를 바꾸거나 캐나다의 물에 대한 관리권을 확보하려고 한다면, 이들 기업이 캐나다 정부에 손해배상을 요구할 수도 있다. 따라서 캐나다의 시민단체들은 자국의 물이 수출되는 것을 주의 깊게 관찰하고

있다. 물 운동가들은 브리티시컬럼비아와 뉴펀들랜드의 오대호 물을
수출하려는 시도를 성공적으로 저지해오고 있다.

미국

미국에서는 물 민영화를 위해 다양한 시도가 있었으나 지역 단체들
의 강력한 반대로 저지되고 있다. 이 단체들이 모여 물연합을 이루었
는데 '식량과 물 감시단'의 위노나 하우터와 그녀가 이끄는 팀이 이
연합을 이끌고 있다. 하우터는 맑은물신탁기금을 만들어 물 관련 인
프라 개선을 지원하려고 열심이며 미국인의 약 90퍼센트가 세금으로
이 기금을 지원할 의사가 있음이 최근 여론조사에서 나타났다. '물 전
사'라 불리는 리스트서브는 북아메리카 및 국제적 운동단체들과 지속
적으로 협조 중이다. 또한 샤이니 바르기즈는 미니애폴리스 소재의
농업과 무역정책연구소로부터 전 지구적인 물저항운동에 대한 수많
은 자료들을 보내주었다.

애틀랜타는 1999년 유나이티드워터와 4억2,800만 달러 계약을 맺
었으나 약속 불이행, 시설물 문제 발생, 수질 악화 등의 이유로 단 4
년 만에 계약을 취소했다. 뉴올리언스도 2004년에 수에즈 및 베올리
아와 체결한 15억 달러짜리 계약을 600만 달러를 들인 연구 조사 끝
에 5년 만에 파기했다. 물기업들은 이러한 계약에 대한 승인 혹은 거
부권을 선거권자들에게 주는 새로운 법을 방해하려고 했다. 텍사스의
리레이도는 2005년 수에즈의 유나이티드워터가 예정에 없던 500만
달러를 추가로 요구하자 2002년에 이 계약을 종결시켰다. 캘리포니
아의 스톡턴은 '스톡턴을 걱정하는 시민연합'이 주도한 몇 년간의 저

항 후에 미국 폐수 회사인 OMI 및 템스와의 계약을 취소했다. 같은 주의 펠튼 시민들은 펠튼플로우라는 조직을 구성하고 RWE의 물 부문 자회사인 캘럼에 팔았던 물을 다시 사오자는 투표를 2005년에 실시했다.

켄터키 렉싱턴에서도 싸움이 진행 중인데 이곳의 블루그래스플로우라는 단체는 2006년 11월 물 민영화 정책을 저지하기 위한 투표를 실시했으나 승리하지 못했다. RWE의 자회사인 아메리칸워터는 2004년 이 도시의 선거에서 수백만 달러를 들여 민영화를 지지하는 후보자를 지원했다. 이 회사의 자료에는 다음과 같은 문구가 실려 있다. "공격의 최고 원칙이 합법적인 것이라면, 방어와 반격의 최고 원칙은 정치적인 것이다."

다른 여러 싸움들이 미국의 물 부족 지역에서 물을 차지하고 저장하고 이송하고 판매하려는 계획들로 인해 생겨났다. 특히 캘리포니아에서는 2002년 캘리포니아 남부에 물을 대는 대규모의 수원인 북부 지역의 3개 강 물을 알래스카의 물 판매자인 릭 데이비지가 이송하려고 하자 화난 시민들이 이 입찰 과정을 막아섰다. 이들은 또한 모하비 사막에서 물을 저장, 채수 및 판매하려는 카디스의 계획을 저지했고 이 회사의 주식은 급격하게 하락했다. '모래계곡 물전사'라는 단체는 물기업 비들러워터가 라스베이거스에서 50킬로미터 남서부 지역에 소재한 유역으로부터 1,400에이커풋의 물을 가져다가 산 너머의 사막을 개발하려는 업자들에게 팔려고 했던 입찰에 대해 소송을 걸어 2006년 11월 주 대법원으로부터 승리를 얻어냈다. 이 도시는 200명 이하의 주민이 거주하는데, 이 소송을 위해 6만 달러를 모아서 함께 싸웠다. 새로운 그룹인 네바다진보리더십동맹은 네바다에서 라스베이거스로 물을 이송하고자 송수관로를 설치하려는 계획을 저지하고 있다. 만일 이 계획이 시행된다면 이는 미국에서 가장 큰 규모의 물 이송으로 기록될 것이다. 캘리포니아에는 또한 캐롤리 크리거가 이끄는 '캘리포니아 워터 임팩트 네트워크'라는 단체가 있다. 이들은 물 개발업자들이 계약서에만 있고 실제로는 존재하지 않는 '종이 물'(paper water)에 의존하는 것과 캘리포니아 물 공급을 민영화하고 이에 대한 법규를 완화하려는 것에 대해 소송을 준비 중이다.

유럽

다행스럽게도 거대 다국적 물기업의 고향인 유럽에서도 물에 대한 공공의 권리를 보호하려는 강력한 운동이 생겨나고 있다. 이 운동의 가장 중요한 목표 2가지는 첫째, 개발도상국의 물 민영화를 돕는 EU의 행태를 저지하고 둘째, 유럽시장에서 물이 상품화되어 유럽 전체에 시장주의 물 서비스가 제도화되는 것을 막는 것이다. 그 밖에 다양한 투쟁이 유럽 전역에서 진행 중이다.

아일랜드는 선불계량기 설치에 대한 저항이 점점 커지고 있다. 이탈리아의 시실리 주민들은 물 민영화로 이득을 본 마피아로부터 물에 대한 관리권을 찾아오려고 싸우고 있다. 독일의 헤르텐 주민들은 지역의 물기업이 경매로 나오자 이 회사의 주식을 모두 사들였다. 2004년 4월 스페인에서는 정부가 북부의 에브로 강의 물을 관로를 건설해 남부 30개 도시에 이송하려 했으나 환경운동가들의 저지로 실패했다.

이탈리아의 학자인 리카르도 페트렐라는 '물 계약을 위한 국제위원회'라 불리는 리스본그룹과 함께 프로젝트를 시작했다. 2007년 3월, 그는 확고한 국제 프로젝트를 위해 힘쓰는 500여 명 이상의 운동가, 학자, 언론인, 정치가들과 함께 '세계의 물을 위해 선출된 대표자와 시민 모임'을 시작하였다. 그는 미테랑 프랑스 전 대통령의 미망인이자 프랑스리베르테의 대표인 다니엘르 미테랑과 밀접하게 일을 하고 있다. 프랑스리베르테는 프랑스 도시와 마을의 물 공급을 정부 관리로 되돌리고 물의 공평한 분배를 위해 일하는 재단이다. 다니엘르 미테랑은 프랑스와 볼리비아의 지역사회를 연결하여 볼리비아의 실패한 민영화 체제를 다시 정부 관리로 되돌리기 위한 싸움을 지원하고 있다. 2006년 독일의 '세계를 위한 빵'과 하인리히뵐재단은 세계교회 물네트워크위원회 설립을 돕고, 모두를 위한 물의 공평한 분배와 보전과 책임 있는 관리를 진작시키고자 노력하고 있다. 이들은 물이 신의 선물이며 인간의 기본적인 권리라는 인식을 기반으로 활동하고 있다.

이러한 운동의 중심에는 국제공공서비스의 데이비드 보이에스 및 그의 팀이 연구한 자료, 그리고 국제공공서비스연구팀의 데이비드 홀이 중요한 역할을 했다. 이들은 다른 곳에서는 찾기 어려운 중요한 자료들과 분석을 제공했다. 유럽기업관측소(CEO)의 올리비어 히드먼을 비롯한 연구자들은 훌륭한 자료를 발간하여 주식회사와 정치권의 결속을 노출시킴으로써 유럽 정치권이 투명해지도록 지속적인 압력을 행사하고 있다. 2007년 '세계 물의 날', 유럽기업관측소를 비롯한 60여개의 단체는 「유럽의 소리 *European Voice*」라는 공개서한에서 개발도상국의 물 민영화를 권장하는 유럽위원회를 비판했다. 유럽기업관측소와 국제공공서비스는 영국의 세계개발운동, 네덜란드의 다국적기구, '지구의 친구들' 세계연합, 그리고 세계무역기구에 반대하는 세계의 NGO와 시민단체의 네트워크인 '지구는 비매품(Our World Is Not for Sale)'과 밀접한 관계 속에서 일하고 있다. 이들은 WTO가 GATS 협정에서 마시는 물을 제외하도록 압력을 가하고 있다. 네팔의 운동가들과 일하는 세계개발운동은 영국에서 운동을 성공적으로 주도하여 네팔의 물 민영화 입찰에 참여한 영국의 물기업인 세븐트렌트가 이를 철회하도록 만들었다. 노르웨이의 국제물산림연구연합(FIVAS)은 노르웨이정부가 민영화자문기관(PPIAF)과 세계은행의 물 민영화 사업에 더 이상 자금을 지원하지 못하도록 했다.

물 정의 운동의 국제화

이처럼 세계의 다양한 지역에서 운동이 진행되면서 전략, 연구물, 재원 등을 국가적, 지역적, 그리고 국제적으로 연계하고 공유하는 것이 중요한 사안이 되었다. 오늘날 국제적인 물 정의 운동은 물을 사유화하려는 기업, 그리고 수자원 관리와 맑은 물 공급의 책임을 저버린 각 국의 정부와 싸우고 있다. '물 전사(Water Warriors)'와 같은 참여 가능한 웹사이트나 리스트서브를 이용하여 수백 개의 단체가 청원서나 요구사항에 언제라도 서명할 수 있다. 이러한 네트워킹은 우리가 반대하는 기구들이 여는 국제회의에서 대부분 생겨나곤 했다.

2차 세계물포럼 - 헤이그, 2000년 3월

　지역적인 투쟁에서 힘을 얻은 12개 나라 시민사회단체가 2000년 3월 헤이그에서 열린 2차 세계물포럼으로 향했고 그곳에서 '푸른 지구 운동(Blue Planet Project)' 회의를 가졌다. 세계물포럼에 공식적으로 초대된 것은 아니었지만 빈 회의실에 모여 '21세기를 위한 세계수자원위원회'의 비전에 대항할 수 있는 우리만의 비전을 만들어냈다. 그 내용에는 세계물위원회(WWC)의 행동 체계에 따른 과정과 내용에 대한 심각한 우려가 표명되었고, 그들의 기술 의존, 하향식 사고, 사유화, 대규모 투자, 생명공학기술만이 정답인 듯 강조하는 방식의 문제점이 제기되었다. 그들의 방식은 지역민의 기본적인 권리, 지식, 경험을 충분하게 강조하거나 인식하지 못하고 있다는 것, 자연생태계와 모든 수자원을 보전하는 방식으로 물을 관리해야 한다는 것을 강조했다. 또한 물이 누구에게나 주어지는 권리이고 거래시장에서 사고파는 물건이 아니길 요구한다고 했다.

　우리는 이러한 우리의 비전을 방송매체에 전달하고 전체회의가 열리는 큰 강당에서 다양한 참석자들이 있는 가운데 이와 관련한 지역적인 투쟁에 대해 얘기했다. 한번은 수천 명이 참석한 본회의를 주관하는 세계은행의 임원이 반대 의견자의 발언권을 인정하지 않자 나는 12명의 항의자들과 함께 마이크 앞으로 나아가, 이제부터 내가 이 세미나를 공동주관할 것이라고 선언했다. 그리고 순간적으로 무력해져 아주 불쾌해하고 있는 그에게 그가 선정한 발표자들에 앞서 우리 측 12명의 연설을 먼저 들어야한다고 얘기했다. 언론은 물론 이러한 사태를 즐겼고 우리와 의견을 같이하는 수백 명의 청중도 이를 환영하였다. 우리는 정상회의의 공식적인 결과에 동요하지 않았다. 그러나 세계물위원회의 권력 앞에 우리가 진실을 알리기 위해 여기에 왔고 결코 도망치지 않을 것이라고 분명히 경고했다.

세계은행에 대항하다 - 워싱턴, 2000년 4월

한 달 후, 우리는 세계은행의 연례행사가 열리고 있는 워싱턴에서 우리의 메시지를 전파했다. 거리에서 수천 명이 행진을 하며 세계은행의 정책에 반대를 표명했고 물 사유화에 대한 문제를 처음으로 제기하였다. 샌프란시스코에 위치한 세계화 정책연구소인 세계화국제포럼은 워싱턴의 파운드리 감리교회에서 토론회를 열었다. 오스카 올리베라는 생애 처음으로 볼리비아를 떠나서 이 토론회에 참석했고 전 세계에서 모인 운동가들과 함께 행진했다. 그는 공항에서 곧장 운동가들의 모임으로 안내받았고 그곳에서 많은 이들의 환대를 받았다. 많은 이들이 눈물을 흘리며 그의 용기과 리더십에 기립박수를 보냈으며 볼리비아의 물혁명에 대한 국제적인 지지를 약속했다.

사람과 자연을 위한 물 - 밴쿠버, 2001년 7월

2001년 7월 캐나다회의, 캐나다전국공익보호회의, '푸른 지구 운동'은 공동으로 최초의 세계 물 운동 정상회의인 '사람과 자연을 위한 물'을 개최했다. 40여 국가로부터 800명 이상의 운동가, 연구자, 환경운동가, 인권전문가, 지역원주민, 공익분야 종사자들이 밴쿠버에 모였다. 이 회의는 풀뿌리 운동가들의 국제적인 네트워크를 조직하고 세계의 물 보전과 모두를 위한 물의 권리를 보호하기 위해 투쟁할 국가적·국제적 조직을 형성하기 위한 것이었다. 물 배분 시장의 거짓 논리에 맞서야 한다고 만장일치로 주창했으며 유엔이 물을 인간의 권리이자 지구의 공유재산으로서 보호하도록 요구했다. 또한 경제 선진국이 개발도상국으로부터 배워야 할 것이 많다는 이해를 기반으로 둘 간의 협조적 관계를 이루어갈 것이며 이 운동을 자선이나 개발의 관점이 아닌 평등과 공동의 원칙 하에 이행해 가기로 약속했다. 이 회의에서 가장 감동적이었던 순서는 한 주 전에 세상을 등진 콜롬비아의 운동가 키미 페르니아 도미코에 대한 묵념의 시간이었다. 그는 땅의 활력을 파괴하는 우라(Urra) 수력발전댐 건설에 대한 반대운동을 이끈 지도자였다. 그는 이 운동이 자신의 생명을 위태롭게 할 것임을 알고 있었다. 1999년 캐나다 의회에서 그는 이렇게 증언했다. "내가 오늘 한 말들로 내 생명은 위험에 처할 것이다. 의회에서 고용한 총잡이들이 이 회의에 가는 것을 막기 위해 우리 배에 총을 쐈다. 누구든 우라 댐에 대해 말하는 자는 게릴라로 간주되고 우리 지역과 지도자들은 군대가 노리는 목표가 되었다." 회의에서 그를 위해 묵념하는 동안 우리는 이와 같은 일로 인해 처하게 될 위험을 느낄 수 있었고 이러한 위험에 맞서기 위해 그와 같은 용기를 가져야 한다는 것도 실감하게 되었다. 2006년 1월 콜롬비아의 우익 장군인 살바토레 만쿠소는 군대를 이용, 그의 재임 15년간 키미 페르니아 도미코를 비롯한 수백 명의 사람들을 살해했음을 시인했다.

세계지속가능발전정상회의 – 요하네스버그, 2002년 8월

2002년 8월에 요하네스버그에서 열린 세계지속기능발진징상회의

(WSSD)에서 우리는 다시 모였다. 비트바테르스란트대학교에서 열린 세계화국제포럼에 수천 명의 아프리카 운동가, 학자, 환경론자가 모였다. 물을 사유화하는 대기업의 행패와 이로 인해 황폐화된 지역에 대한 가슴 아픈 이야기가 이 자리에 전해졌다. 참여자들은 대기업이 주도하는 WSSD를 지원하고 요하네스버그와 몇몇 지역사회의 물 관리를 기업에 맡겨 수천 명의 물 공급을 끊은 남아프리카 정부의 타보 음베키 대통령에 대해 강한 비판을 가했다.

우리는 낡은 스쿨버스를 빌려서 끔찍한 빈민촌인 오렌지팜을 방문했다. 그곳에서 오렌지팜물위기위원회와 그들의 용감한 지도자인 리차드 모콜로를 만날 수 있었다. 보이는 곳마다 타이어와 쓰레기가 불타고 있었으며 거리에는 들쥐들이 출몰했다. 사람들이 집이라고 부르는 곳은 수돗물도 없고 땅을 파서 만든 화장실만이 있을 뿐이었다. 오렌지팜에는 최신식 수도관이 구역마다 설치되어 있었다. 수에즈가 설치한 이 수도관과 개별 가정의 수도꼭지 사이에는 최신 계수기가 달려 있었다. 물 한 방울 한 방울마다 요금이 청구되었고 가난해서 요금을 낼 수 없는 사람들이 사는 마을에서는 이로 인해 "사방에 깔린 게 물인데 마실 수 있는 물은 한 방울도 없네"라는 말이 생겨났다. 그 결과 주민들은 콜레라 경고판이 있는 강과 하천에서 물을 길어오기 위해 수 킬로미터를 걸어 다녀야만 하며 이는 대부분 여자들의 일이다. 우리가 최신 수도관 앞에서 지역주민들로부터 어린아이가 불결한 식수 때문에 죽은 이야기를 듣고 있을 때 마침 BMW 대형버스가 도착했다. 버스에서 10여 명의 세련된 차림의 WSSD 유럽대표단과 수에즈의 관계자들이 이 수도관을 소개하고 자랑하기 위해 내렸다. 이 방문자들이 누구인지 알게 된 분노한 주민들은 버스를 쫓아가며 격렬히 항의하였고 버스는 황급히 그곳을 떠났다.

음베키 정부는 WSSD에 대한 우리의 비난을 심하게 감시하면서 가두 행진에 대한 승인을 정상회의의 마지막 날까지 미루며 위협하기도 했다. 그는 정상회의와 물기업에 맞서는 운동가들을 '가난한 이들의 적'이라며 공공연하게 비난했다. 이러한 위협에 저항하기 위해 우리는 토론이 진행 중인 대학에서 나와 700여 명의 남녀와 아이들이 참가한 평화적인 촛불행진을 실시했다. 대학을 나가자마자 우리는 진압경찰과 대치하게 되었다. 그들은 섬광수류탄을 쏘면서 공포분위기를 조성하고 일부 행진 참가자들에게 부상을 입혔다. 각 국에서 온 보도기자들이 이 장면을 영상에 담았고 평화로운 저항자들에 대한 경찰의 잔혹한 대응이 세계로 보도되었다. 이 사실은 남아프리카공화국 언론에서 엄청난 비난을 받았을 뿐 아니라 국제적으로 주요한 신문들이 우리의 관점에 관심을 가지도록 해주는 계기가 되었고 WSSD와 관련된 기업들에 대한 신뢰를 무너뜨리는 데 도움이 되었다.

음베키 정부는 결국 마지막 날에 대규모 행진을 허가했고 알렉산드라 빈민가에서 쏟아져 나온 2,000명이 넘는 사람들이 8차선 고속도로를 지나 정상회의가 열리는 초호화 샌튼비즈니스파크까지 행진을 했다. 사람들은 전 세계 언론 앞에서 물, 생명, 존엄성에 대한 권리를 외치고 물의 사유화가 만들어낸 경제적인 격리 현상을 이제는 끝내야 한다고 주장했다.

3차 세계물포럼 - 교토, 2003년 3월

물의 사유화 및 세계물위원회에 대한 국제적이고 공공적인 비판이 매우 민감한 사안들을 건드리면서 2003년 3월 교토에서 열린 3차 세계물포럼에서는 처음으로 시민사회 비평가들이 정상회의에 초대되었다. 일본의 시민단체와 함께 계획한 우리의 전략은 다음과 같았다. 모든 공식적인 요청을 받아들여 우리의 관점을 널리 알리고 개발도상국의 운동가들이 회의 참석자들과 언론에 그들의 이야기를 전하게 하며 전 세계에서 가장 좋은 공공 물 시스템을 지닌 국가 중의 하나인 일본의 시민사회와 함께 물자원의 공적 관리를 위한 보다 강력한 지원을 만들어가자는 것이었다. 우리는 여기서 일본의 여러 현(縣)에서 온 공공 물 서비스 관리자들을 만났다. 그들은 일본의 공공 물 서비스에 이용되는 전문 기술을 우리에게 보여주었다. 필리핀 아이본재단의 토니 투잔은 일본의 이 전문가들과 아주 가깝게 지내면서 이들을 마닐라로 불러서 지식과 경험을 이전하면 돈과 걱정을 덜어 많은 이들을 도울 수 있음을 알게 되었다.

나는 세계물위원회와 함께 공공분야와 사기업 간 파트너십에 대한 분과회의의 공동주관을 제안받았고, 이틀 동안의 격렬한 회의 끝에 그들이 제안한 파트너십에 완전히 반대되는 독립적인 보고서를 제출했다. 그들은 가장 쟁점이 되는 주제를 다룬 포럼에서 시민사회 그룹의 의견을 공식 의사록에 남겨야 했기 때문에 공동주관을 제안했던 것이다. 우리는 전 세계 300여 기관이 서명한 성명서를 이 곳에 가져왔고 "물은 생명이다"라는 외침 아래 전 세계에서 펼쳐지고 있는 풀뿌리 운동을 모든 분과에 전했다. 거대 물기업 대표들이 무대에 자리한 어느 포럼에서 멕시코 캔쿤에서 온 한 노동자는 2개의 병입수를 치켜들었다. 둘 다 수에즈에서 공급한 물이었는데 하나는 그가 일하는 5성급 호화 호텔의 물로 아주 맑고 깨끗한 것이었고 다른 하나는 그가 사는 지역에 공급되는 것이었는데 갈색이고 고약한 냄새가 났다. 그는 수에즈엔바이론망의 CEO 장 루이 쇼사드에게 그의 회사가 만든 이 2가지 물을 모두 마시기를 요구했고 쇼사드는 물론 이를 거절했다.

미셸 캉드쉬 전 IMF 총재가 물 관련 재정을 다룬 보고서 「모두를 위한 재정」을 발표했을 때 우리는 수백 개의 거짓말탐지기를 들고 있었다. 이 탐지기는 밝은 색 반달 모양으로서 거짓말의 강도를 가리키는 화살과 이 화살의 움직임에 따라 우리가 크거나 작은 소리를 낼 수 있도록 종이 달려 있었다. 발표 도중 그는 아주 기분이 상해서 위를 보며 "이따위 종소리가 날 막지는 못 한다"고 말했다.

레드비다 - 엘살바도르, 2003년 8월

아메리카 대륙의 풀뿌리 운동 네트워크인 레드비다(Red VIDA)를 만든 것은 우리의 운동에 있어 가장 중요한 사건 중 하나였다. VIDA는 '아메리카 대륙의 물에 대한 권리와 보호를 위한 불침번'을 의미하는 스페인어의 약자로서 이 새로운 네트워크는 2003년 엘살바도르에서 열린 지역 세미나에서 탄생했다. 여기서 우리는 물 권리를 위해 싸우는 모든 그룹이 모여 수자원의 사유화를 보다 조직적으로 막아낼 수 있는 공식적인 조직이 필요하다는 데 동의했고, 서로가 공유하는 원칙과 가치를 보다 구체화하기 위해 힘을 모았다. 그 원칙과 가치는 바로 우리가 사회적이고 지속가능하며 누구에게나 공평한 물 서비스를 요구하고 '물이 공공의 산물이며 지구상의 누구나 함께 보전하도록 노력해야 하는 인간의 권리'임을 이해하는 것을 의미한다.

 2005년 1월 25일부터 27일, 세계사회포럼(World Social Forum)이 열리기 직전, 브라질의 포르투 알레그리에서 레드비다의 첫 번째 모임이 열렸다. 14개 나라 30개 단체가 물 사유화에 대한 대안을 만들고 수에즈에 대항하는 국제적인 캠페인을 시작하기 위해 모였다. 이 중 많은 이들이 볼리비아의 코차밤바까지 이동해 그 곳에서 벌어지고 있는 투쟁을 지원했고 라파스와 엘알토에서 수에즈에 반대하는 캠페인을 도왔다. 거기서 다시 모여 2004년 10월 우루과이의 선거 기간 동안 그들의 국민투표를 지원하여 물이 인간이 가진 권리임을 선언하는 성공적인 사례를 만들어냈다. 2007년 3월 24일부터 26일 사이에는 두 번째 모임이 페루의 물 관련 근로자 노동조합인 FENTAP의 주최로 페루의 리마에서 열렸다. 14개 나라 40여 개 단체가 모여 물 관리를 사유화하는 대신 공공의 참여를 권장하는 그들의 제안을 보다 발전시켰다.

 레드비다의 회원들은 수에즈에 대항하는 캠페인의 핵심 구성원이다. 볼리비아, 아르헨티나, 우루과이, 칠레에서 온 회원들이 필리핀에서 온 운동가들과 손을 잡고 파리에서 열린 수에즈 주주모임의 회의장 밖에서 항의집회를 가졌다. 운동가들이 다채로운 현수막으로 건물을 둘러싸고 있는 동안, 수에즈의 주식을 보유하고 있으면서 그 운영 방식에는 비판적 입장을 취해온, 미국의 책임 있는 투자회사 보스턴 공공자산관리사의 구성원들은 회의장 안에서 수에즈를 비난하는 성명을 읽었다. 유사한 저항운동이 부에노스아이레스, 키토, 라파스, 몬테비데오, 마닐라, 로마 등에 소재한 수에즈 사옥 밖에서 진행되었다.

대중의 세계물포럼 - 델리, 2004년 1월

세계사회포럼은 세계 물 정의 운동의 중요한 장이다. 이 포럼에는 매년 세계의 운동가, 환경론자, 학자, 그리고 진보적인 정치가들이 모이며, 스위스 다보스에서 열리는 세계경제포럼과는 반대의 논조를 가지고 있다. 다보스포럼은 세계의 정치·경제엘리트들이 모여 세계화, 사유화, 기업 독점 등의 중요성을 알리는 포럼이다. 제1차 세계사회포럼은 브라질의 포르투 알레그리에서 2001년 1월에 열렸으며 2002년과 2003년, 그리고 2005년에도 같은 장소에서 열렸다. 2005년 포럼에는 전 세계에서 15만 명이 참석했다. 이런 모임마다 우리의 운동은 물 사유화에 대한 합리적인 반대와 우리의 네트워크를 강하게 하기 위한 방법들을 거리낌 없이 발표했다.

2004년 세계사회포럼은 인도의 뭄바이에서 열렸다. 우리는 그 밖의 개별 회의를 열기도 했는데 1월 12일부터 14일 사이에 델리에서 있었던 '대중의 세계물포럼'은 뭄바이에서의 대규모 집회 바로 전에 열린 것이었다. 세계적으로 유명한 식량 및 물 분야의 과학자인 반다나 시바와 그녀의 과학기술생태학연구재단의 조직 하에 65개 나라의 운동가들이 뭄바이 인도국제센터에 모여들었다. 이 모임은 아시아태평양지역에서의 운동을 지원하기 위해 특별히 마련된 것으로 이 지역 사람들에게 물 정의 운동이 전 세계에서 일어나고 있음을 알려주고자 한 것이었다. 라자스탄에서 빗물 모으기 운동을 주도하며 '워터맨'이라 불리고 있는 라젠드라 싱을 만나고 지원하는 것은 아주 감동적인 일이었다. 그가 조직한 단체 타룬바라트상은 가뭄 위기에서 벗어나기 위해 수천 개의 마을과 함께 일하고 있었다. 물 사유화를 옹호하는 세력은 그를 증오했다. 2002년 그는 지역 정부의 사주를 받은 것으로 알려진 청부업자에 의해 잔인한 구타를 당했다.

델리정상회담은 세계은행과 맞서 싸워야 하는 4가지 새로운 이유를 다음과 같이 도출했다. 1) GATS에서 물을 제외하기, 2) 코카콜라와 수에즈 양대 기업에 대해 공동으로 캠페인 벌이기, 3) 물 권리를 위해 유엔에 맞서기, 4) 사기업의 물 서비스를 대신할 수 있는 방안을 찾고 지원할 수 있는 새로운 네트워크 만들기.

국제시민사회네트워크는 공익사업으로서의 물 서비스를 되찾고 공공 간의 파트너십, 물 관리자 간 파트너십을 추진하기 위해 정보, 전략, 자원을 공유한다. 이로써 공공 형태의 물 서비스에 대한 전문적인 지식은 그것이 필요한 곳으로 이전되고 공적 연기금과 같은 선진국의 자금이 공공 시스템을 지원하게 된다.

4차 세계물포럼 – 멕시코시티, 2006년 3월

네 번째 세계물포럼은 2006년 3월, 멕시코시티에서 열렸다. 우리는 세계물포럼에 영향력을 행사하기보다 물 정의 운동만의 독자적인 행사를 가져야할 단계라고 결론지었다. 포럼 첫 날에는 3만5,000명이 대규모 행진을 벌였고 멕시코 인권연합인 COMDA가 조직한 세계물보호포럼에 1,000여 명의 운동가와 학자들이 참여했다. 이 포럼의 가장 중요한 부분은 볼리비아의 새로운 수자원부 장관인 아벨 마마니의 발표였다. 그는 물에 대한 인간의 비전을 우리와 공유하였고 볼리비아와 유엔에서 물에 대한 인간의 권리를 지지할 것을 약속했다. 우리는 소칼로광장에서 대규모 집회와 음악회를 열었고 이곳에서 나는 2만여 젊은이들에게 물에 대한 권리를 주제로 연설을 했다. 언론은 우리의 의견을 포럼의 공식적인 메시지로 다뤄주지 않았다. 그러나 각자의 나라로 돌아가는 길에 우리는 멕시코에 남겨놓은 강력하고 에너지 넘치는 물 정의 운동을 느낄 수 있었다.

7차 세계사회포럼 - 나이로비, 2007년 1월

2007년 1월 27일, 40여 개 아프리카 국가의 250여 풀뿌리 운동가들이 아프리카물연맹을 결성하기 위해 케냐 나이로비의 거대한 모이 종합경기장(Moi Stadium)의 한 방을 가득 채웠다. 아프리카 전 지역을 아우르는 첫 번째 연맹으로 지역의 수자원을 보호하는 공동의 노력과 물기업의 침탈을 막기 위해서였다. 이미 오랫동안 싸움을 해왔기에 이 모임은 우리에게 아주 중요한 순간이었다. 물 사유화에 대항하기 위한 가나연합의 알 핫산 아담과 남아프리카연합의 버지니아 셋쉐디는 공동대표자로서 그들의 정부와 세계은행이 해온 만행을 그만둘 것을 경고하며 다음과 같이 말했다. "오늘 우리는 새로운 연맹의 탄생을 축하하며 모든 이가 깨끗한 물을 사용할 수 있기를 기대합니다. 이 연맹의 시작은 물을 사유화하려는 사람들, 정부, 국제금융기구에 아프리카인들이 물 사유화에 대항할 것임을 알리는 것입니다."

세계사회포럼의 절정은 나이바샤 호수로 떠난 탐사 여행이었다. 나이바샤는 동아프리카 야생 하마 떼의 마지막 거주지 중의 하나이자 로버트 레드포드와 메릴 스트립 주연의 영화 「아웃 오브 아프리카」의

촬영지였으나 지금은 유럽으로 수출하는 장미 때문에 거의 소멸위기에 처해 있다. 유엔 람사르 습지로 지정되기도 한 이 얕은 호수는 케냐의 거대한 리프트 계곡 아래 화산으로 둘러싸여 있는데, 기린, 얼룩말, 물소, 사자와 최소한 495종의 새들로 가득한 생물의 낙원이다. 정부가 이 곳을 유럽에서 온 정착민들에게 공개하기로 동의하고 서명한 1904년까지 이 호수와 인근의 토지는 목초재배가 금지되고 마사이족을 위한 사냥장소로 보호되어 있었다. 유럽인들은 가장 좋은 땅을 사들이고 농장을 짓고 화원을 만들기 시작했다. 화훼산업이 번성하자 인구가 유입되어 1985년 7,000명이던 것이 오늘날에는 약 30만 명으로 폭증했다. 대부분의 노동자는 흑인여자들로 그들의 가족은 농장의 길 건너의 빈민가에 살고 있다. 그들은 수도시설도 갖추지 못한 채 재래식 변소를 두고 배설물을 호수로 그대로 내보내고 있다.

케냐는 아프리카에서 원예용 꽃의 최대 생산국으로서 유럽에 대부분을 수출하고 있다. 영국에서만 30억 달러를 원예용 꽃에 매년 소비하고 있고 케냐는 이 중 4분의 1을 공급하고 있다. 약 30개의 대표 농가 중 3분의 2가 외국인 소유의 거대 상업 농장으로서 호수를 둘러싸고 있고 철문과 무장한 경비가 일반인의 출입을 금하고 있었다(성적 학대가 난무하고 노동자 대부분이 하루에 1달러 수준의 임금을 받고 있었으며 농약과 제초제의 과다한 사용으로 병에 걸린 자들도 많았다. 우리가 한 농장의 뒷문 쪽을 차로 돌아다니다 보니 노동자들이 드나드는 출입구에 회사 물건을 가져가면 목숨이 위험하다는 경고문들이 붙어 있는 것을 볼 수 있었다). 장미사업은 90퍼센트가 물인데, 유럽은 자신들의 수자원이 고갈되지 않도록 아프리카에서 이 호수와 다른 호수들을 사용하는 중이었다. 그 결과로 이 호수는 15년 전에 비해 그 크기가 절반으로 줄었고 하마들은 뙤약볕 아래 말 그대로 죽어가고 있었다. 아무 것도 바뀌지 않으면 이 호수는 10년 이내에 더러운 진흙탕이 될 것이라고 과학자들은 말하고 있다. 우리들의 방문 후 아름다운 이곳을 구하기 위한 새로운 네트워크 '나이바샤 호수의 친구들'이 만들어졌다. 그러나 나이바샤 호는 수익을 위해 물이 착취되고 있는 아프리카 10여 개 호수 중의 하나에 불과하다. 아프리카에서의 유럽의 약탈은 과거가 아닌 엄연한 현실이다.

병입수에 대항하는 전사들

에너지 넘치는 세계 물 정의 운동은 병입수 산업에서도 일어나고 있다. 이 운동은 세계 많은 지역의 사람들이 깨끗한 물에 접근할 수 없고 그로 인해 병에 든 물을 사서 마실 수밖에 없다는 사실을 이해하면서, 언젠가는 세계의 지표수원이 맑고 모든 이들에게 접근 가능하게 되길, 동시에 병에 든 물은 과거의 산물이 되기를 희망하고 있다. 이 운동은 또한 병입수보다 엄격히 관리되어 깨끗하고 안전한 수돗물이 공급되는 나라에서 병입수를 사용하는 것에 대항하고 있다. 무엇보다 병입수 제조 기업들이 관여하는 물 관련 정책과 물에 대한 기업의 영향력의 증대에 집중적으로 대항하고 있다.

1998년 네슬레는 국민의 4분의 1만이 맑은 물을 마실 수 있는 파키스탄을 네슬레의 세계 시장 진출 전략을 펼칠 수 있는 국가로 공략했다. 네슬레는 병입수만이 이 나라의 물 위기를 해결할 수 있다며 파키스탄 정부를 설득했다. 새로이 시장에 소개된 퓨어라이프는 유일한 깨끗한 물로서 미네랄을 제공하고 비만을 예방하며 심장질환의 위험을 낮출 수 있다고 광고되었다. 파키스탄 정부는 이 기업에 몇 군데 대규모 대수층을 사용할 수 있도록 해주었고 이 회사는 2년 동안 병입수의 소비를 140퍼센트 증가시킬 정도로 이익을 취했다. 그러나 네슬레와 파키스탄 정부의 관계는 대수층의 수위가 점차 낮아지고 기업이 수익을 위해 미래를 위한 수자원까지 고갈시키고 있으며 유엔 국제물협약의 일부로 정해진 권리를 침해했음이 밝혀지자 악화되기 시작했다. 2005년 닐스 로즈맨이 스위스개발기구연합에 제공한 보고서에서 퓨어라이프의 가격이 이 나라 일반인이 낼 수 없는 수준이었음을 밝히자 문제는 더 심각해졌다. 대중이 강력하게 항의하고 네슬레에 대한 시민들의 항의 캠페인이 조직화되던 2005년 2월에 파키스탄 정부는 네슬레가 승인 없이 제품을 판매하고 있다는 통보를 보냈고 그 이후 이 둘은 법정에서 소송 중이다.

유사한 저항운동이 전 세계 곳곳에서 일어나고 있다. ‘물 운동을 위한 브라질 시민단체’의 프랭클린 프레데릭은 2005년 6월 그의 고향이자 광천수로 유명한 지역인 상로렌수에서 네슬레가 저지른 폐해에 항의하기 위해 스위스의 브베에 있는 이 기업의 본부까지 찾아오는 수고도 마다하지 않았다.

필리핀의 바콜로드라는 가난한 도시 근처의 만시린간 마을은 인근의 500여 가구와 함께 코카콜라가 그들의 수원에 해로운 오염물질을 내버려 악취가 난다며 이 기업을 고발했다. 인도네시아의 환경포럼과

‘지구의 친구들’과의 연합인 WALHI는 다농과 코카콜라에 자바섬 중부지대의 지하수 이용권을 내줘 이 일대 수천 명의 농가의 생계를 위협한 정부에 항의하는 싸움을 시작했다. 멕시코의 치아파스의 주 정부는 5개 마을에 공급할 수 있는 물 양을 코카콜라가 뽑아낼 수 있도록 허가했다. 이 중 몇 개의 권리는 무려 2050년까지 유효한 것으로서 물 부족에 시달리는 이곳의 거주민들은 주 정부에 대해 전쟁과 같은 상태의 투쟁을 진행하고 있다.

2005년 1월 20일에는 인도인 수천 명이 87개의 코카콜라와 펩시 공장 주변을 에워싸고 이 기업들이 헌법에 명시된 살 권리를 침해했다면서 인도에서 나가라고 항의했다. 인도 전역에서 이 기업들은 거의 공짜나 얼마 안 되는 돈을 주고 물을 뽑아내고 있어 거센 비난을 받고 있다. 지구상에서 가장 가난한 이들 시위대는 가장 열정적이고 조직화된 저항을 실행하고 있다. 2006년 6월 인도 북부 메디간지 지역의 지도자들은 코카콜라 공장 앞에서 이 회사가 고농도의 카드늄과 납을 배출하고 있다고 주장하면서 12일 동안 단식투쟁을 벌였다. 유명한 댐 저항운동의 지도자인 메다 파트카를 포함하여 40여 명 이상이 ‘세계 물의 날’인 2007년 3월 22일 델리에서 이들 두 기업에 의해 인도 전역에서 생겨난 물 부족 사태에 대해 항의하다 체포되었다.

코카콜라 반대운동의 지도자인 아미트 스리바스타바는 다음과 같이 이야기했다. “세계는 물을 원료로 사용하는 코카콜라가 물에 대해 극도로 지속가능하지 않은 태도를 가진 기업임을 알 필요가 있다. 코카콜라를 마시는 것은 인도인의 생명과 생계, 지역사회의 손실에 직접적인 폐해를 끼치는 것과 같다.”

싸움에는 처참한 희생이 뒤따랐다. 인도신문협회의 지도자 비렌드 라쿠마르는 수년간 이어진 플라치마다 마을과 코카콜라의 법정 싸움을 다음과 같이 보도했다. "법정이 해당 지역의 공장은 폐쇄시켰지만, 많은 코카콜라 공장들이 여전히 어떠한 조사도 받지 않은 채 작업을 지속하고 있으며 어떠한 변화도 보이지 않고 있다. 주민들의 연약한 주장에 귀 기울이는 사람은 거의 없다. 이러한 만행을 끝내기 위한 일들은 거의 이뤄지지 않고 있으며 이로 인해 처참한 결과만이 야기되고 있다. 버려진 사람들의 비애는 이 황폐한 지역을 더욱 어둡게 만들고 있다. 그들의 불행은 점차 늘어나는 소송과 기술적 논쟁 속에 묻히고 만다. 한때 '불가촉 천민'으로 불렸던 힘없는 자들이 비인간적인 적들에 맞서 마지막 싸움을 치르는데도 그들이 비틀거리며 밟고 선 모래는 소리 없이 무너져 내릴 뿐이다."

유사한 싸움이 선진국에서도 일어나고 있다. 네슬레는 미국에서도 7개의 브랜드와 75개 수원지를 소유하고 있다. 폴란드스프링, 아이스마운틴, 디어파크, 제피릴스, 애로우헤드, 오자르카, 칼리스토가가 네슬레에 속한 브랜드다. 캘리포니아의 북서부지역 맥클라우드의 거주자들이 일으킨 격렬한 저항은 네슬레가 샤스탄 산기슭에서 물을 채취하여 병입수로 만들어 파는 것을 승인받은 것에서 비롯되었다. 네슬레는 이 지역의 지하수에 대한 무제한적인 권리와 함께 맥클라우드 강의 주요 댐들에 대한 관리 권한까지 따냈다. 반대편에 위치한 미시간에서는 스위트워터연합과 '물 보전을 위한 미시간 시민 연합'이 네슬레에 대해 소송을 제기했다. 네슬레가 오대호 옆에 위치한 대목장을 사서 그곳에 관로를 설치하고 이 호수의 물을 사유화해 수출하려

했기 때문이다. 메인(Maine) 주는 물 권리를 위한 주요 격전지가 되었다. 프라이버그에 위치한 네슬레의 폴란드스프링이 인근의 대수층에 대한 사용권을 갖게 된 것에 대항하여 환경론자, 농부, 운동가들이 결집하여 저항했다. '우리의 지하수를 살립시다(SOG)'의 조용하지만 힘 있는 활동가인 데니스 하트는 뉴햄프셔의 노팅엄에서 USA스프링스라는 회사가 하루에 160만 리터 수준의 대규모 지하수 채취권을 승인받아 인근 지역사회의 농장과 사업자들을 위협하자 이에 대항하여 싸우고 있다. 이들 단체가 기업의 채취권을 취소시키지는 못했으나 뉴햄프셔 주 정부가 지하수에 대한 보호 정책에 힘쓰도록 이끌었다. 바로 이웃하고 있는 버몬트 주에서는 버몬트자연자원위원회가 지역에서 일어나는 분별없는 물 채취에 대한 보고서를 내면서 유사한 법안에 대한 초당적 캠페인을 시작했다.

이들 단체는 국내와 국외를 가리지 않고 물기업에 대항하여 캠페인을 벌이고 있다. 북미지역에서 폴라리스연구소, 국제기업책임기구(CAI), 민주주의연대와 같은 조직들은 병입수에 대한 연구와 캠페인에서 대표 역할을 하고 있다. CAI는 대학과 교회에서 눈을 가린 참가자들이 수돗물과 병입수를 구별하도록 하는 수돗물 캠페인을 열고 있다. 결과는 대부분이 이 둘을 구별하지 못한다는 것이다. '죽음을 야기하는 코카콜라에 반대한다'는 캠페인은 더 강력한 메시지를 전달하는 단체의 운동이다. 이 캠페인의 목적은 코카콜라가 과테말라, 니카라과, 콜롬비아, 인도 등에서 지역사회와 노동자의 권리를 해치고 있음을 알리는 것이다. 이들과 그 밖의 몇몇 단체들은 매년 코카콜라 주주모임에 참석하여 공개적으로 비판을 기하고 언론의 도움을 입고자 한다. 2004년 델라웨어 윌밍턴에서 열린 회의에서 경비원들은 운동가 레이 로저스가 항의 성명을 멈추지 않는다는 이유로 그를 넘어뜨려 제압하고 밖으로 쫓아냈다. 이들은 대학을 순회하며 불매운동을 벌이고 있고 그 결과 미국 내 100여 개 이상의 대학에 코카콜라 거부 행사가 생겨났고 최소한 20여 개 대학에서 코카콜라를 완전히 추방했다. 지속적인 물의를 일으킨 코카콜라는 2005년 자선 콘서트 '라이브 8'의 주요 스폰서 자격을 박탈당했다. 2006년 7월, 미국에서 사회책임경영을 실천하는 기업들의 대표 모임인 KLD는 코카콜라를 사회적 책임을 다하는 기업의 명단에서 제외시켰다. KLD는 코카콜라가 해외 공장에서의 노동력 착취, 물 남용, 아이들을 겨냥한 마케팅과 관련된 여러 행태로 인해 지속적으로 문제를 일으키고 있다고 밝혔다.

병입수 기업의 맞대응

병입수 기업의 권력과 사회적·환경적 파괴에 대한 조직화된 저항운동은 몇몇 기업의 이미지에 막대한 타격을 가했고, 이미지가 실추된 이들 기업들은 이를 회복하기 위하여 대민 홍보를 시작하였다. 네슬레는 물에 대한 공익사업의 일환으로, '교사를 위한 물 교육(WET)' 프로젝트를 후원했다. 이 사업은 몬태나 주에서 시작되었으며 학교에서 물 관련 주제를 가르칠 때 사용할 수 있는 책을 출판한다. 물이 유역 내에서 어떻게 이동하는지 맑은 물이 건강에 왜 중요한지 등을 다루며 21개 나라에서 18만 명 이상의 교사를 교육시켰다.

WET 프로젝트는 2006년 멕시코시티에서 열렸던 4차 세계물포럼에서 '어린이를 위한 세계물포럼'을 개최했다. 이들은 세계은행과 세계물위원회의 뒤에 숨어 이 포럼을 후원했으며 아이들을 민감한 사안에 개입시킴으로써 많은 논란을 낳았다.

'스타벅스 기금'은 에토스워터(Ethos Water)라는 브랜드를 통해 가난한 지역에 맑은 식수를 공급하고 있다. 스타벅스는 어린이들이 깨끗한 물을 마실 수 있도록 돕고 인도와 케냐의 물 사업을 지원한다는 명목 하에, 매년 세계 물의 날 '물을 위한 행진'을 후원하고 있다. 2007년 물의 날, 스타벅스의 대표인 짐 도널드는 홈페이지를 통해 "에토스 생수를 구입하는 소비자들은 세계의 어린이들과 그들의 지역 사회에 도움을 주는 것이다"라고 말했다. 물 운동가들은 이처럼 중요한 날을 상품 광고에 이용하는 스타벅스의 행태에 크게 분노했다. 한 운동가는 에토스 홈페이지에 다음과 같은 글을 올렸다. "스타벅스는 에토스를 사서 마시면 세계의 어린이를 돕는 것이라는 개념을 팔아 고객을 유인하고 있다. 그러나 실제로 당신이 다니는 스타벅스 매장에서 1.8달러짜리 에토스를 한 병 사면 단지 5센트만이 어린이에게 돌아갈 뿐이다. …… 스타벅스는 세계의 어린이를 돕는다는 약속으로 물을 팔아서 3억6,000만 달러를 벌고 있는 것이다."

「월 스트리트 저널」에 따르면 코카콜라는 세계적 브랜드로서의 이미지를 회복하기 위해 개발도상국의 맑은 물 사업에 관심을 가지고 있다고 한다. 그들은 40개 나라에서 70개의 맑은 물 프로젝트를 지원하고 이러한 사업이 전 세계에서 일어나고 있는 코카콜라 반대 캠페인을 잠재우고 새로운 소비지를 확보해 주기를 바라고 있다. 이 저널에 따르면 코카콜라는 물 사용으로 인해 발생하는 대민 관계 문제를 해결하려 애쓰고 있다. 네빌 이스델 코카콜라 회장은 '물에 대한 책무'를 가장 우선순위에 두고 있다고 말했다. 코카콜라는 블러드라는 프로젝트와 연계하여 활동하고 있다. 블러드는 '자스 오브 클레이'라는 락밴드의 물 관련 프로젝트로서, 「굿 몬스터」라는 CD를 팔아 생긴 수입의 일부를 아프리카의 맑은 물 공급에 후원하는 사업이다. 코카콜라는 또한 개발도상국에 맑은 물을 공급하고 위생과 개인 보건 관련 교육을 지원하는 '지구 물 도전(GWC)'을 세우기 위해 유니세프와 CARE뿐 아니라 카길, 다우케미컬, P&G와도 협력하고 있다. 2007년 6월 베이징에서 열린 세계야생동물기금협회(WWF) 회의에서 코카콜라는 물 보호에 2,000만 달러를 지원하기로 약속했다.

기업의 이러한 개별적 노력이 세계의 일부 지역이나 가정에 약간의 물을 가져다줄 수는 있다. 그러나 기업의 이러한 활동은 그저 돈도 벌고 '기분 좋은' 자선활동도 벌이면서 그들에 대한 비난을 무디게 하려는 시도에 불과하다. 코카콜라의 전 세계 물 파트너십을 책임지고 있는 댄 베르메르는 「핑크 *Pink*」라는 잡지와의 인터뷰에서 다음과 같이 이야기했다. "코카콜라는 지역사회의 후원자이자 지역민의 친구로 비춰지기를 원하며 이는 지역사회와 긍정적인 관계를 유지하는 바람직한 방안이다. 우리가 좀더 폭넓게 이러한 활동을 하게 되면 기업의 가치에 대한 사람들의 인식에 긍정적인 영향을 미칠 것이다."

그러나 이러한 친환경을 가장한 광고의 문제는 코카콜라, 네슬레, 수에즈, 베올리아와 같은 기업들이 야기하는 물 남용의 실태를 숨기려 한다는 점이다. 즉 이들의 자선활동과 광고는 몇 개의 예외적인 사례를 보여주면서, 기업이 물을 사유화하여 돈을 지불하는 이에게는 물을 제공하고 그렇지 못한 이들에게는 물을 마실 수 없게 만드는 잘못된 과정과 대기업에 의해 조정되는 물의 분배 체계에 면죄부를 주고 있다. 이들이 하는 자선활동이 가져오는 일부 성과가 세계의 물을 통제하기 위해 이들이 의도적으로 저지르고 있는 수백만 가지의 엄청난 행로를 흐리고 있다. 이들의 세계에서 물은 지구상의 모든 인간이 가질 수 있는 기본적인 권리가 아니라 자신의 개인적 이익을 위해 사유화되어야 하고 더욱더 통제되어야 하는 시장의 제품인 것이다.

만약 맑은 물의 무제한적 공급이 가능하다면 아마도 이러한 문제는 덜 중요할 수도 있다. 그러나 최근 지구상에서 나타나는 물 부족과 관련된 다양한 경고와 그로 인한 전쟁과 같은 상황으로 볼 때 설명하기 힘든 비민주적 물의 사유화는 더 이상 용납할 수 없는 문제다.

물에 대한 기본적 권리를 찾기 위한 수천 개의 지역적인 투쟁이 국제 모임을 중심으로 뻗어가고 있으며, 이를 통해 더욱 조직화되고 성숙해진 세계의 물 정의 운동은 물의 미래를 더욱 밝게 만들어가고 있다. 이 운동은 이미 지구상의 물 관련 책에 심오한 영향을 미치면서 세계은행이나 유엔과 같은 국제기구가 그들의 기존 모델의 실패를 인정하고 개별 국가들의 물 정책을 재편하도록 돕고 있다. 또한 물 통제에 대한 논쟁을 공개적인 장으로 가져오고 점차 줄어드는 물 자원을 자기들에게 유리하게 이용하는 '물 지배자들'에 맞서고 있다. 민주적인 물 정의 운동의 성장은 비판적이며 긍정적인 발전이다. 이는 어렴풋이 등장했던 갈등의 원인인 물 위기에 대한 책임감과 투명성, 그리고 대중의 감시를 이끌어낼 것이다.

내가 생명수 샘물로 목마른 자에게 값 없이 주리니.

_ 요한계시록 21:6

05

B l u e + C o v e n a n t

물의 미래

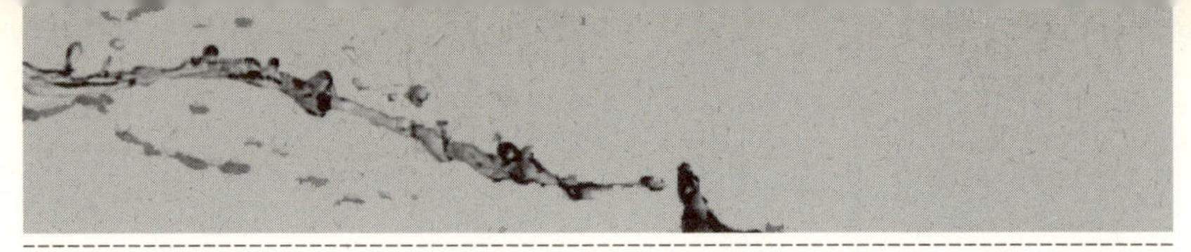

3가지의 물 위기, 즉 담수 공급원의 고갈, 물에 대한 불평등한 접근성, 거대기업의 물에 대한 영향력은 우리 시대의 생존과 지구에 있어 가장 큰 위협이 되고 있다. 화석연료의 사용으로 인한 기후변화와 함께 물 위기는 우리 모두에게 사느냐 죽느냐가 달린 문제다. 우리의 행동 방식을 전적으로 바꾸지 않는 한, 우리는 부족한 담수를 두고 국가 간, 빈부 간, 소비자와 기업 간, 도시와 시골 간, 자연과 인간 간 극심한 갈등과 전쟁까지 가능한 상황으로 나아갈 것이다.

물, 분쟁을 촉발하다

국가 내 갈등

물로 인한 갈등은 이미 개인적인 감정의 문제에서 지역적인 정치의 문제로 확대되고 있다. 호주의 물 위기는 개인 간의 원한은 물론이고 싸움까지 일으키고 있다. 시드니에서 어떤 이들은 물 문제로 격분하여 이웃의 불법적인 관개(灌漑)를 밝혀내기 위해 스스로 그룹을 지어 경계를 서고 있다. 가뭄으로 파괴되어가는 지역에서는 물 도둑이 흔해지고 있으며, 「플라잉 닥터스 *The Flying Doctors*」라는 텔레비전 드라마로 유명해진 미닙(Minyip)에서는 소방대가 우물에 자물쇠를 채우는 지경에 이르렀다. 미국 중서부에서는 콜로라도 강을 따라 위치한 지역과 산업체들이 물 부족으로 분쟁을 겪고 있다. 「뉴욕타임스」에 따르면 4개 주에서 25억 달러가 물 관련 프로젝트에 투입될 예정이거나 검토 중인데, 이는 7개 주의 2,000만 명 이상의 사람들을 위해 눈 녹은 물을 2,252킬로미터 길이로 연결해주는 사업이다. 또한 「타임」은 물 사용으로 인해 사람들 간 분란을 겪는 일이 많아졌고 몇몇 주에서는 법적인 싸움으로까지 번지고 있다고 보도했다. 몬태나 주와 와이오밍 주는 그들이 공유하고 있는 강의 지류에서 서로가 정해진 몫보다 더 많은 양의 물을 가져갔다고 주장하며 소송을 벌이고 있고, 네바다 주와 유타 주는 인구 증가로 인해 두 주 사이의 물 공급 관로를 두고 분쟁 중에 있다.

중국에서는 인공강우에 의한 '빗물 도둑' 때문에 싸움이 일어나고 있다. 「차이나 데일리」가 보도한 바에 의하면 허난성 지역의 5개 건조한 도시들이 구름이 이동하기 전에 비가 내리도록 만들기 위해 경쟁을 하고 있다. 인도네시아의 자바 섬 중부의 클라텐은 다농이 대수층에서 물을 뽑아 쓰고 있는 지역으로서 물이 부족해 농부들이 물을 대러 들에 나길 때마다 도끼, 톱, 망치로 무상한 재 서로 싸우는 참사를

겪고 있다. 케냐 나이로비의 빈민가 키베라에서는 백만 명의 사람들
이 단지 600개의 화장실을 돈을 내고 함께 써야만 하고 그 결과 '날아
다니는 화장실'이라 불리는 비닐봉지에 배변할 수밖에 없는 상황에
처해 있다. 이 빈민가와 같이 여자들이 물을 구해 와야 하는 지역에서
는 물을 구하지 못해 빈손으로 돌아왔다는 이유만으로 남편과 아버지
에게 폭력을 당했다는 보도가 점점 늘어나고 있다.

멕시코시티에 수자원을 징발당한 마자후아스 원주민들과 정부 당
국 간의 심각한 싸움의 최전선에 있는 것도 여자들이다. 멕시코 물의
4분의 1은 인디언의 땅에 수원을 갖고 있지만 정작 많은 원주민들은
물에 대한 권리를 전혀 누리지 못하고 있다. 인디언과 마자후아스의
땅에서 1초에 1,600만 리터의 물이 흘러나오지만 이 지역의 8개 마을
에는 물이 이동하는 관로가 전혀 없다. 마자후아스의 여자들은 '물 방
어를 위한 마자후아스 여성 사파티스타 군'을 편성하고 2006년 12월
11일에 해당 시설 중 하나의 작동수문을 불법적으로 폐쇄해 버렸다.
국가물위원회는 500명의 경찰을 보내 이 마을을 진압했고 이 시위에
참여했던 베아트리스 플로리스는 언론에서 이 싸움을 위해 감옥에라
도 갈 준비가 되어 있다고 말했다.

라틴아메리카에서는 북미와 유럽의 부유한 자들이 엄청난 토지를
사들이면서 그 땅에 있는 물을 사유화하고 있어 많은 이들이 격분하
고 있다. 「뉴 인터내셔널리스트 *New Internationalist*」의 보도에 따
르면 CNN 설립자인 테드 터너는 아르헨티나와 칠레의 파타고니아
지역에 5만5,000헥타르의 땅을 소유하고 있다. 베네통의 설립자 루
치아노 베네통도 웨일스 땅의 절반에 이르는 90만 헥타르의 땅을 사

들였다. 마푸치족은 베네통의 부지를 자신들의 조상의 땅이라고 주장
하면서 점거했고 2002년 경찰에 의해 퇴거당했지만 법적 소송은 아
직도 진행 중이다. 언론인 토마스 브릴 마스카레나스는 판타고니아
야생지역은 울타리로 둘러싸여 있고 원주민들은 쫓겨났으며 맑은 물
이 사유화되고 있다고 보도했다.

　남아프리카공화국의 물 운동가들은 지역 주민들에게 계량기를 분
해하는 방법을 지속적으로 가르치고 있다. 이는 물론 불법이다. 2006
년 7월 스리랑카의 공군은 군에 대한 물 공급을 방해하고 관개수로를
우회시켜 단수시킨 타밀타이거 반군을 공격했다. 2007년 1월 7일 네
팔의 카트만두에서 물 공급 공기업인 네팔수도공급회사의 직원들은
도시의 물 시스템 관리가 영국의 물기업 세번트렌트로 이관되는 법안
을 막기 위해 국왕의 궁, 수상의 저택, 그리고 도시의 컨벤션센터의
물 공급을 끊어버렸다. 결국 세번트렌트는 그들의 입찰계획을 철회했
다. 말레이시아는 2006년 5월, 생명을 위협하거나 죽음을 초래할 수
있는 물의 오염을 일으키는 자는 사형에 처할 수 있다는 새로운 법을
통과시켰다. 「아시아 타임스」는 말레이시아 강의 절반 이상이 이미
오염되었고, 이를 관리하기 위한 어마어마한 비용이 정부 관계자들에
게 경종을 울리게 되었다고 보도했다. 새로이 통과된 법은 말레이시
아 전역에서 지지를 받고 있다. 아프리카 수단의 다르푸르 주에서도
물은 끔찍한 갈등의 핵심 주제가 되고 있다. 사막화와 가뭄으로 인해
유목민들은 남부지역의 농부들이 세운 정부를 공격하기에 이르렀다.
정부는 물 위기로 인한 갈등을 해결하기보다 잔자위드라는 민병대를
조직하여 다르푸르에 파병했고 무자비한 학실을 자행했다. 마이클 글

라르는 2002년 그의 책 『자원전쟁 *Resource Wars*』에서 다음과 같이 이야기했다. "기후변화를 인구 증가, 소비의 증가, 그리고 세계화 경향과 분리해서 볼 수는 없다고 생각한다. 이는 분명 하나의 현상이다."

이러한 일들은 뉴욕의 콜럼비아대학교 지구연구소의 국제지구과학 정보네트워크센터에서 일하고 있는 과학자 마크 레비에게는 전혀 놀라운 일이 아니다. 수년간 가뭄과 분쟁의 상호관계를 연구해온 그는 2007년 4월 14일 뉴욕 언론보도에서 물 부족과 국가 간 폭력사태의 명확한 연계를 추정하기 위해, 10여 년간의 상세한 강우기록과 지역 분쟁 정보를 분석해 설명하였다. 그는 이미 지난 10여 년간 국가 내 물 관련 갈등으로 많은 죽음이 초래되었으며, 네팔, 방글라데시, 코트디부와르, 수단, 하이티, 아프가니스탄, 인도의 일부 지역에서 이러한 현상이 두드러진다고 밝혔다.

국가 간 문제

세계적으로 최소한 215개의 강과 300여 곳의 지하수역 및 대수층이 2개 이상의 국가 간에 걸쳐 있어 물 사용과 소유권에 대한 갈등이 초래되고 있다. 물 부족 현상과 불공정한 물 분배 경향이 심각해지면서 분란과 폭력이 증가하고 있으며 많은 지역에서는 국가 간의 안보 문제로까지 확산되고 있다. 영국의 전 국방장관 존 레이드는 '물 전쟁'을 경고한다. 2006년 기후변화 관련 정상회담 전날 그는 공개 연설을 통해 유역이 사막화되고 빙하가 녹고 수원이 오염되면서 폭력과 정치적 갈등이 점차 증가할 것이라고 경고했다. 그는 지구적 물 위기가 지구적 안보문제로까지 번지고 있으며 영국군은 물 부족이 빚어낼 분쟁과 전쟁을 준비해야할 것이라고 말했다. 전 영국 수상 토니 블레어는 「인디펜던트」에 다음과 같이 이야기했다. "이러한 변화는 더욱 극심해질 것이며 폭력적으로 변해갈 것이다. 우리가 다르푸르에서 목격했듯이 물과 농지 부족이 비극적 갈등을 빚고 있다는 것은 사실이다. 우리는 이러한 현상을 심각한 경고로 받아들여야 한다."

「인디펜던트」는 잠재적 갈등 지역의 여러 사례들을 제시했다. 이스라엘이 영향력을 행사하고 있는 요르단 강에 의지하고 있는 이스라엘, 요르단, 팔레스타인. 유프라테스 강에 댐을 건설하려는 터키의 계획으로 1998년 전쟁 직전의 상황까지 이른 터키와 시리아. 시리아는 터키가 시리아 소유의 물을 마음대로 주무르고 있다며 터키를 고소했다. 브라마푸트라 강을 사이에 두고 긴장 상태에 있는 중국과 인도. 이 강을 우회시키려는 중국의 계획으로 이 싸움은 다시 시작되고 있다. 오카방고 강 유역을 둘러싸고 싸움을 벌이고 있는 앙골라, 보스와나, 나미비아. 이들의 분쟁은 과거에도 심했는데 최근에 나미비아가 이 유역 하류에서 물을 빼내는 300킬로미터 길이의 관을 계획하고 있어 싸움이 다시 시작되고 있다. 나일 강을 둘러싸고 갈등 관계에 있는 에티오피아와 이집트. 두 나라의 인구 증가가 분쟁을 가속화하고 있다. 갠지스 강의 홍수로 문제를 겪고 있는 인도와 방글라데시. 히말라야의 빙하가 녹으면서 발생한 갠지스 강의 홍수가 방글라데시에 엄청난 피해를 일으켰고 그 결과 방글라데시의 인구가 인도로 불법적으로 유입되고 있다.

군사 분쟁으로까지 나아기지는 않았지만 이러한 갈등은 미국과 캐나다 국경에서도 증폭되고 있다. 특히 유역 내의 인구와 산업이 증가하면서 오염이 심해지고 수면이 낮아지고 있는 5대호 문제가 핵심 쟁점이다.

5대호에 접경한 미국의 주 정부들은 물 문제를 감시하기 위해 만들어진 공동 위원회를 무시하고 미국 쪽 유역 밖에 위치한 새로운 지역으로 물을 우회시키는 것을 허용하는 조항을 개정·통과시켰다. 이들은 캐나다 환경주의자들의 반대 역시 모른 척했다. 2006년 미국 정부는 무장선박을 이용, 이 호수에서 해안경비대의 순찰을 실시할 계획을 발표했다. 이미 이곳에서 한 번에 3,000개의 납 총알을 호수로 쏘아대는 훈련을 시행하고 있어 비난을 받고 있으면서 영구적인 사격훈련장을 34곳이나 더 만들겠다는 계획이었다. 비난에 밀려 이러한 계획을 일시적으로 취소했지만 이는 미국 정부가 공동의 물에 대해 어떤 입장을 취하고 있는지 명확히 알려준 사건이었다.

유사한 분쟁이 미국과 멕시코 접경지에서도 발생하고 있다. 물 재산권을 소유하고 있는 미국의 사설 단체가 북아메리카자유무역협정을 근거로, 미국으로 흘러들어오는 리우그란데 강을 우회시켜 사용해온 멕시코 농부들의 오랜 관행에 제동을 건 것이다.

물 난민

워싱턴의 지구정책연구소 레스터 브라운은 물을 얻기 위한 대이동이 머지않아 일어날 것이라고 경고한다. 2006년 그의 책 『두 번째 계획 2.0 *Plan B 2.0*』에서 물 부족으로 관개지가 사라져 수백만 명이 생존을 위해 물이 있는 곳으로 이동하게 되는 멀지 않은 미래에 대한 끔찍한 예측을 나타냈다. 그는 한 국가에서 1인당 사용 가능한 물의 양이 물 부족을 측정할 수 있는 척도의 하나라고 설명한다. 기본적인 삶을 영위하기 위해 필요한 물의 양으로 알려진 연간 100만 리터보다 적은 물을 평균적으로 공급받는 국가에 사는 인구가 1995년에는 1억 6,600만 명이었다. 그러나 2050년이 되면 17억 명이 무시무시한 물 부족에 시달리게 될 것이고 물을 위해 대이동을 시작해야할 것이라고 그는 예측했다.

그에 따르면, 이란, 아프가니스칸, 파키스탄의 일부, 그리고 중국 북서부와 아프리카의 많은 지역에서 이미 '물 난민'이 발견되고 있다. 지금은 작은 마을이 버려지고 있지만 앞으로는 예멘의 수도인 사나, 파키스탄 발루치스탄의 주도인 퀘타와 같이 대도시 전체가 버려질 수도 있다. 중국의 과학자들은 내몽골, 닝샤후이족자치구, 간수 등 3개 지역에서 사막으로 인한 난민들이 발생했으며 이 밖에도 4,000여 개의 마을이 물 부족으로 인해 버려질 형편이라고 보고했다. 이란에서는 사막이 확장되면서 많은 마을이 버려졌고 물 부족 지역도 수천 곳으로 증가하고 있다. 나이지리아에서는 3,500제곱킬로미터의 토지가 해마다 사막으로 바뀌고 있어 사막화가 가장 중대한 환경문제가 되고 있다. 다른 국가에서처럼 나이지리아의 농부들도 거대도시의 빈민가 외곽으로 밀려나고 있으며 이들이 다시 그곳의 물 위기를 더욱 악화시키고 있다.

브라운이 이야기했듯이, 이탈리아, 프랑스, 스페인의 해안에는 가뭄에서 해방되고 싶어 절망적인 선택을 하고만 사람들의 시체가 날마다 떠밀려온다. 멕시코와 미국의 접경에서는 매일 수백 명의 멕시코

인들이 목숨을 걸고 국경을 넘고 있다. 농사지을 땅이 말라버려 멕시코의 시골을 떠날 수밖에 없는 사람들이다. 외국 기업이 관리하는 마킬라도라 공장에서 흘러나온 유독성 물질로 오염된 강을 오늘도 이들은 비닐봉지로 감싼 신발 두 짝에 의지한 채 건너가고 있다.

안보문제로 떠오른 물

미국

미국에서 물은 최근 들어 갑자기 가장 중요한 전략적 안보 주제로 떠오름과 동시에 외교 정책의 우선순위를 차지하게 되었다. 9·11사태 이후 미국의 수로와 급수 시설을 테러에서 보호하는 것이 백악관의 주요 관심사가 되었다. 의회는 2002년 국토안보부를 설치하여 국가의 물 관련 인프라의 안보를 책임지도록 했고 이를 위해 5억4,800만 달러를 할당하였으며 예산은 그 이듬해에 더욱 증가되었다. 환경청은 국토안보연구센터를 설치, 국가의 물 시스템에 대한 공격에 대비하여 과학적 기초와 수단을 개발하도록 했고 안보문제에 대한 물 공급 전문가를 육성하기 위해 물안보부를 설치했다. 또한 음용수에 대한 잠재적인 위협에 대비하기 위해 물정보공유분석센터를 만들었고 미국수자원협회와 함께 물안보채널이라 불리는 전문가들 간의 이메일 알림체계도 만들었다. 국토안보부의 기본적인 임무는 국가의 물 안보를 위해 공공과 개인 간의 파트너십을 추진하는 내용도 포함하고 있다.

그러나 물에 대한 관심은 여기서 멈추지 않았다. 물은 워싱턴에서 에너지만큼이나 중요한 전략상의 문제가 되고 있다. 에너지와 안보문제의 상관관계를 연구하는 세계안보분석연구소의 2004년 8월의 보고 자료에서 미국에너지국의 선임연구원 앨런 호프만 박사는 미국의 에너지 안보는 수자원의 상태에 달려 있으며 전 세계 물 안보 위기의 심화를 주시해야 한다고 말했다. 그는 또한 다음과 같이 이야기했다. "1973년부터 1974년 사이 아랍의 석유 수출 금지로 인해 에너지 안보문제가 국가적 우선순위가 되었던 것처럼 물 안보문제 역시 10년 내에 미국과 전 세계의 우선순위가 될 것이다. 물 안보에서 핵심이 되는 문제는 에너지다. 지하대수층에서 물을 뽑아 올리기 위해, 관과 수로를 통해 물을 이동시키기 위해, 재활용수를 만들기 위해, 기수역이나 바다의 물을 담수화하기 위해서는 에너지가 필요하다. 미국 정부와 기업 간의 협력을 통해 모든 기술이 추진되고 있다. 중동의 물 분쟁은 미국의 이해관계에도 영향을 줄 수 있다. 물 분쟁으로 인한 중동의 불안정성은 원유 수입의 상당량을 중동지역에 의존하고 있는 미국에게는 상당한 위험 요인이 될 수 있다. 이러한 물 관련 갈등의 지속과 증폭은 미국의 에너지 공급을 1970년대에 그러했듯 또다시 종속적인 상태로 빠뜨릴 수 있다."

국가 안보 연구소인 CNA가 발표한 2007년 4월 보고서에 따르면, 국가안보회의에서 퇴역 군장성들이 대통령에게 물 부족이 미국의 국가 안보에 심각한 위협이 되고 있다고 전했다. 6인의 퇴역 제독과 5인의 퇴역 장성이 미국이 관련될 수 있는 격렬한 물 전쟁의 미래를 경고했다. 국제전략연구소의 감독관 에릭 피터슨은 미국이 외교 문제에서 물을 최우선순위에 두어야 한다고 말한다. 「미국 뉴스의 소리 *Voice of America News*」와의 회견에서 그는 다음과 같이 밝혔다. "지구상의 모든 물 문제가 지니는 중요한 요소가 바로 여기 미국에 있다. 미국의 최우선 과제는 세계 주요 지역의 안정, 안전, 경제적 발전이며 물은 이 모든 부분과 관련된 중요한 요소다." 그의 연구소는 대규모 물 기술업체인 ITT, 가정용 정수기를 만들고 개발도상국에서 유엔과 함께 일하고 있는 P&G, 코카콜라, '지구물미래(GWF)'라는 공동연구소를 시작한 샌디아국립연구소와 협력해 연구를 진행하고 있다. 샌디아국립연구소는 '기술이 이루는 안전하고 평화롭고 자유로운 세상'을 모토로 삼고 있으며 미국의 군대와 핵의 우월함을 유지하기 위해 일하고 있다. 이 연구소는 군수업체 록히드마틴과 계약을 체결했으며 군대와 물 안보문제를 직접적으로 연계시키고자 노력하고 있다.

GWF의 주요 임무는 물 위기에 대한 미국의 전략과 정책을 지원하고, 이에 필요한 기술을 개발하는 것이다. 이 연구소는 2005년 9월 보고서에서 지구의 물 위기가 인간 역사에서 세계를 가장 위급한 상황으로 몰아가고 있다고 경고하고 미국이 물 안보를 보다 심각하게 고려해야 할 필요성에 대해 상세하게 언급했다. "물과 관련된 세계적 경향을 살펴볼 때, 물의 질과 물의 관리가 세계 모든 주요 지역에서의 미국의 전략에 영향을 미칠 것이 분명하다. 세계의 물 수요는 인도주의와 경제개발 그 이상의 주제가 될 것이다.…… 전 세계 물 관련 정책을 미국 안보 전략의 중요한 요소로 바라봐야 할 것이다. 이들 정책은 지구의 물 문제를 다루는 미국의 폭넓고 체계적이며 통합된 전략의 일부가 되어야 한다."

이 보고서에는 정책과 기술의 혁명은 서로 밀접하게 연계되어야만 한다는 언급이 있는데 이는 이 연구소를 지원하는 기업들에게는 감미로운 말임에 틀림없다. GWF는 정부와 기업 간의 더 많은 개혁과 협력이 필요하다고 하면서 기술적 발전을 위해서는 공공과 기업 간의 파트너십이 더 활발히 이루어져야 한다고 말했다. 또한 이 보고서는 미국이 이라크에 민주주의를 가져오지는 않았으나 원유 자원을 안전하고 새로이 건설하는 과정에서 미국 기업이 엄청난 이익을 얻었다고 주장하는 부시행정부와 의견을 같이 하며, 미국 민주주의 가치의 옹호를 그 과정에서 얻은 이익에 연계시키고 있다. "물 문제는 미국의 국가안보에서 중요한 위치를 점하며, 인도주의와 민주주의 발전에도 총체적인 영향력을 발휘한다. 또한 국제적 물 문제에 관여하는 것은 미국 기업에 중대한 사업 기회를 제공하는 것이고 이를 통해 발전과 경제적 보상을 받을 수 있을 것이다." 이 보고서가 기술한 물 문제에 관여하는 미국 정부 당국의 목록에는 상무부도 포함되는데, 상무부는 미국의 물산업과 시장 연구를 촉진하고 국제 물시장에서의 미국의 경쟁력을 높이는 데 기여하고 있다.

과라니 대수층

남아메리카에서는 미국이 이 지역의 가장 큰 지하수원인 과라니 대수층을 노리고 있어 우려의 목소리가 커지고 있다. 과라니 대수층은 아르헨티나, 브라질, 파라과이, 우루과이까지 뻗어 있는 대규모 수원으로 텍사스와 캘리포니아를 합한 것보다 더 넓은 지역이며 현재 이 지역의 500여 개 이상의 도시와 마을에 물을 대고 있다. 「내셔널 지오그래픽 뉴스」는 과라니를 개발하려는 국제적이고 지속적인 시도가 점점 더 큰 비판에 직면하고 있다고 보도했다. 이 지역에 미군이 주둔하고 있는 데다, 지구환경기금(GEF)이 이에 관여하고 있기 때문이다. 지구환경기금은 미국 중심의 컨소시엄으로서 미국의 기업들과 관련이 깊은 세계은행 및 유엔이 운영하고 있다. 브라질의 시민사회운동인 '그리투 다스 아구아스'는 미국이 남아메리카의 대학들이 오랜 기간 연구해 축적해둔 자료에 접근해 이를 미국 기업을 위해 활용하려 할 것이라는 우려를 표명했다. 아르헨티나의 운동가이자 노벨평화상 수상자인 아돌포 에스키벨은 물과 관련된 지정학적 지배는 지역 자원 착취 역사의 마지막 단계라고 단언한다. 미확인 보고에 의하면 미국 전 대통령 부시가 이 지역 대수층에 위치한 파라과이 북부에 4만500헥타르 규모의 목장을 사들였다고 한다. 「가디언」은 이 내용을 확증하기 위해 이 거래가 있었던 것으로 알려진 알토파라과이의 주지사 에라스모 로드리게스 아코스타와 관련된 자료를 인용하기도 했다. 이러한 소문은 미국이 이 지역 대수층을 욕심내고 있다는 우려를 증폭시켰다.

지구환경기금의 사업은 친환경적이고 인도주의적인 노력으로 홍보되고 있지만 해당 지역의 운동가들은 머지않아 개인적 욕심을 챙길 투자가들이 이 사업에 참여할 것이라는 것을 알기에 우려를 하지 않을 수 없다. 지구환경기금은 홈페이지에서 그들의 사업 파트너인 사기업들을 공공연히 언급하면서 다음과 같이 밝히고 있다. "기후변화와 생물다양성의 소실과 같은 전 지구적 환경문제는 엄청난 기술, 관리, 재정적 자원과 전문성을 가진 사기업에 무게를 두어야만 해결될 수 있을 것이다. …… 사기업은 지구환경기금의 주요 참여자이며 지구 환경문제에 있어서도 중요한 역할을 해왔다." 이 홈페이지는 지구환경기금 사업에서 기업 참여를 관리하는 역할을 세계은행이 맡고 있다고 말하면서 이 기금이 진행하고 있는 12개 이상의 기후변화 관련 사업에 에너지 기업의 참여가 이루어지고 있다고 했다. 또한 브라질의 환경부가 생물다양성 보호에 관심을 가진 기업과 재단이 지구환경기금이 지원하는 사업 활동에 참여할 수 있도록 가능한 절차를 활발하게 논의하고 있다고 밝혔다.

유럽

프랑스, 독일, 영국은 개발도상국에서 자국의 물기업이 이익을 낼 수 있도록 오랫동안 노력해왔고 이들 기업이 필요로 할 경우 국가간 협상에 대사관까지 참여시키고 있다. 특히 프랑스는 개발도상국에서 수에즈와 베올리아가 최고의 거래를 얻어낼 수 있도록 외교 및 원조 정책뿐 아니라 정치권력까지 동원해 공격적인 협상을 벌이고 있다. 현재 GWF와 아주 흡사한 새로운 유럽기구가 유럽의 물 안보문제를 검토하기 위해 설립되어 있다.

유럽물파트너십(EWP)은 유럽 전역에서의 물 문제에 대한 해결방안을 찾아내고 국가, 시민사회, 기업 간의 협력을 증진시키기 위해 2006년에 설립되었다. 이 기구는 전략적인 연구 과제를 수행할 것이고 유럽 물산업의 경쟁력을 지원하고 투자하기 위해 중요한 단계들이 작동하도록 역할을 할 것이다. EWP는 2가지를 주창하고 있는데 하나는 물 공급 및 하수도 기술의 징이며 나머지 하나는 유럽 지역 발전

으로서 4차 세계물포럼에서 유럽의 위치를 확고하게 하는 데 도움을
주었다. 물 공급 및 하수도 기술의 장은 유럽위원회가 지원하는 기술
단을 의미하는 것으로 물 분야의 기술적 혁신을 장려하고 유럽 물산
업의 경쟁력을 높이기 위한 것이다. 대표의장은 80개 나라에서 활약
중인 텍사스 소재 슐룸베르거라는 거대 에너지 기술 기업의 부사장인
클로드 룰렛 박사다. 그는 또한, 유럽의 에너지 부문의 경쟁력 향상을
위해 만들어진 강력한 산업단체로서 2,500여 회원을 가진 유럽원유
가스혁신포럼(EUROGIF)의 부회장이기도 하다.

  EWP의 많은 회원들은 물 기술 관련 기업들로서 EWP가 미국에서
의 GWF와 마찬가지로 유럽의 물 안보와 물 재순환 기업들을 연결시
켜주고 있음이 명백하다. 그 밖의 회원은 물기술기업연합, 대학, 정부
연구기관, 물기업에 자문을 제공하는 법률회사와 컨설팅 회사 등이
다. 매년 6월 EWP는 물 안보에 초점을 두고 이를 위해 유럽 전체가
어떻게 협력해야 하는가를 주제로 유럽물정책정상회담을 열고 있다.
이 회담은 브뤼셀에 본부를 둔 자문 기구로, 은퇴한 유명 정치인들과
3자 위원회의 전임 회원들이 참여하고 있는 '유럽의 친구들'의 후원
을 받고 있다. '유럽의 친구들'의 대표는 수에즈-트랙테벨의 부회장
으로서 수에즈의 기술 부문을 단독으로 소유하고 있는 바이카운트 에
티엔 다비뇽이고, 이사진은 WTO 사무총장 파스칼 라미, 베올리아의
경영부사장인 요아힘 비터리히 등이 포진하고 있다. 다비뇽은 또한
유럽개발집행위원 루이 미셸이 담당하는 아프리카 지원 정책을 자문
하고 있는데, 다비뇽이 수에즈와 관련이 있는 인물이라는 점 때문에
시민사회단체들은 그가 이러한 임무를 수행해서는 안 된다고 거세게

비난하고 있다.

2007년 EWP 정상회담에서는 '유럽은 물 안보 전략을 지니고 있는가?'라는 내용으로 토론을 벌였고 '물과 에너지 안보' 및 '물에 대한 투자 기회'를 강조하는 토론 분과들이 있었다. 이는 미국 정부가 물 안보문제를 물기업의 수익에 연결시켜주는 것과 같은 맥락으로 볼 수 있다. EWP는 '블루골드(Blue Gold)'라는 홈페이지와 블로그를 만들어서 운영 중이다. 홈페이지에는 "병입수는 가난한 자들을 돕습니다", "유럽위원회는 환경을 위해 시장주의 수단을 활용할 것입니다" 등의 문구가 내걸려 있다. '블루골드'는 물을 수익 창출의 수단으로 보는 이들을 비판하기 위해 필자가 처음 사용한 용어였기에 이 대목에서 실소를 금할 수 없었다.

중국

중국에서도 물은 국가안보 차원의 문제가 되었으며 정부의 고위 각료까지 이 문제를 논의하고 있다. 유럽, 미국과 마찬가지로 중국 역시 기업의 기술혁신과 국가의 안보 정책을 연계시키는 방안을 해결책으로 보고 있다. 중요한 차이가 있다면 중국은 아직까지 물 기술 산업을 보유하지 못했으며 유럽과 미국의 기업에 의존해야만 한다는 점이다. 중국의 수자원부는 10개의 과를 가진 거대 행정 조직으로서 이 나라의 모든 물 관련 정책을 책임지고 있으며 물 관련 기술 인프라의 장려에도 관여한다. 수자원부는 홈페이지를 통해 "물은 중국 정부와 사회의 가장 뜨거운 문제로 떠오르고 있다"라고 단언하고 있다. 매년 중국 정부의 주관으로 베이징에서 물 박람회가 열리는데, 여기에서 최신

제품과 관련 기술이 소개되고, 중국 물기업들의 새로운 상품이 소개된다.

중국 수자원부는 또한 2007년 4월 베이징에서 중국물의회를 승인하면서 중국에서의 물 공급과 처리의 엄청난 수요를 경제적 수익으로 전환시키는 기회를 노리고 있다. 이 의회는 국제담수화협회와 중국의 막 기술 기업인 모티모의 공동 후원으로 중국 당국의 관계자들과 수에즈, 베올리아, ITT, 하이플럭스와 같은 전 세계 수백 개의 물기업을 한 자리에 모으기도 했다. 중국 건설부의 키우 바오싱은 다음과 같이 말했다. "중국의 물시장은 너무나 거대해서 전 세계가 이곳이 개방되기만을 기다리고 있다. 현재의 투자와 정책의 방향은 사기업을 중심에 둔 프로젝트를 강하게 밀어붙이는 것이다. 물산업은 지금 그 어느 때보다 개방 정책을 지향하고 있다."

동시에 중국 정부는 미국 정부처럼 중국 밖에서 새로운 수자원을 획득하기 위해 노력 중이다. 티벳은 아시아 전역에 뻗어 있는 티벳평원 위에 형성된 10여 개의 주요한 유역을 지닌 수자원의 보고다. 이들 유역에서 영구적으로 매년 1조7,000억 리터의 물을 가져오려는 중국의 계획은, 중국이 티벳의 주권을 빼앗았다고 주장하는 티벳인들과 이 물에 의존해 살아가는 그 밖의 아시아 국가들과의 엄청난 갈등을 야기하고 있다. 브리티시컬럼비아 대학교의 자연 자원 관련 티벳 전문가인 타시 체링은 「자유유럽라디오 *Radio Free Europe*」와의 인터뷰에서 다음과 같이 밝혔다. "중국이 벌이는 이 사업은 티벳 자연 자원의 착취 양상을 그대로 보여주고 있다. 중국은 티벳을 물 공급원으로 보고 있다. 티벳은 중국 당국과 거대기업에게는 그저 완벽하기만

한 땅이다. 보이는 곳마다 거대 공사를 일삼는 그들은 이미 중국의 모든 강에 댐과 수로를 지었고 이제 또 다른 강을 찾아 공사를 벌이려고 혈안이 되어 있기 때문이다.”

이러한 권력 구조는 자국 안보의 이해관계를 보호하고 증진하기 위해 물 공급에 필요한 안전한 관리권을 만들어 놓으려고 하고 있다. 그들은 엄청나게 증가하고 있는 경쟁적 지구 경제 체제에서 우위를 차지하고자 하며 이를 위해 물을 필요로 하고 있다. 미국과 유럽은 세계적인 물 독점 시합에서 자국 기업들의 우위를 보장하기 위해 힘쓰고 있다. 중국의 경우 물 안보는 신흥 경제 대국으로서 사활이 걸린 문제다. 상품 분석가 짐 로저스는 「홍콩 스탠다드 *Hong Knog Standard*」에서 “만약 중국이 물 문제를 해결하지 못한다면 이야기는 여기서 끝나고 말 것이다”라고 말했다. 이처럼 강력한 권력의 역동성이 물 문제를 둘러싼 잠재적 전쟁의 우려에 새로운 차원을 더하고 있음은 분명한 현실이다.

푸른 서약, 물의 더 나은 미래

인도주의야말로 여전히 이러한 분쟁과 전쟁의 시나리오를 막을 수 있는 가능성을 지니고 있다. 우리는 물 문제에 대한 전 지구적 서약을 통해 이를 시작해볼 수 있다. ‘푸른 서약(Blue Covenant)’은 다음의 3가지를 반드시 포함해야 한다. 깨끗한 물이 지구와 지구에 사는 생물의 권리임을 인정하고 수자원을 보호하는 ‘물 보전 서약’, 물을 가진 선진국과 그렇지 못한 개발도상국이 모두를 위한 물을 위해 함께 힘쓰고, 자국의 물에 대한 주도권을 충분히 행사하는 '물 정의 서약', 모든 정부가 물이 인간의 기본적인 권리임을 인정하는 '물 민주주의 서약'이 그것이다.

정부는 공공사업을 통해 자국민에게 깨끗한 물을 공급해야 하고 다른 나라의 국민 역시 같은 권리를 가지고 있음을 인정하여 국가 간 물 분쟁에 대한 평화로운 해결방안을 강구해야 한다. 좋은 사례로 중동 지역 '지구의 친구들'이 시행한 '좋은 물이 좋은 이웃을 만든다'라는 사업을 들 수 있다. 접경 지역의 물을 어떻게 나누어 사용할 것인가를 고민하고 물 정의의 개념을 실천해 평화로운 협력을 이루고 있다. 또 다른 예는 독일, 오스트리아, 스위스, 리히텐슈타인 등 4개 나라가 공유하고 있는 아름다운 콘스턴스 호의 성공적인 복원을 들 수 있다. '푸른 서약'은 물 권리를 다룬 서약의 핵심이 되어야 하고 국가의 헌법과 유엔의 국제법으로 동시에 활용되어야 한다. 이러한 서약의 조항을 만들어내기 위해서는 국제적으로 조율된 총체적 협력이 필요하며 다음에서 제시되는 대안을 활용하여 3가지 물 위기에 함께 대응해야 할 것이다.

물 보전

첫 번째 물 위기는 담수자원의 고갈이며 이를 극복하기 위한 대안은 물 보전이다. 지구의 물을 지키기 위한 많은 방법이 강구되고 수많은 정보와 권고사항이 생겨났다. 이제 필요한 단 한 가지는 정치적 결단이다. 가장 먼저 이루어져야할 중요한 단계는 수자원을 보호하고 유역을 복원하는 것이다. 슬로바키아의 과학자 미할 크라브칙은 인간의 물 남용이 기후변화의 가장 중요한 원인이며 시간이 지나면 이러한 행동양식이 물의 순환과정을 완전히 파괴할 수도 있을 것이라고 경고한다. 이들은 유역 전체를 복원하는 것만이 유일한 해결책이며 메마른 대지로 물을 돌려보내야 한다고 주장한다. 가능한 많은 빗물을 모아 토양을 적시고 지하수를 채우고 대기 중으로 보내 기온을 정상화시키고 물의 순환을 새롭게 해야 한다는 주장이다. 모든 인간과 산업, 농업활동이 이러한 원칙에 따라야 하며 이는 곧 빈곤에 허덕이는 수백만에게 일자리가 생기고 경제 빈국이 되살아나는 길이기도 하다. 우리의 도시는 초록색의 보전지역으로 둘러싸여야 하고 담수의 폐와 신장인 숲과 습지를 복원해야 한다.

서약에는 3가지 기본적인 자연 법규가 명시되어야 한다. 먼저, 빗물이 지역의 유역 내에 남아 있을 수 있는 조항을 만들어야 한다. 이는 빗물이 내리고 흘러갈 수 있는 자연적인 공간의 복원을 의미한다. 물이 특정 지역에 잔류하도록 하는 것은 모든 범주에서 시행 가능하다. 가정집과 사무실의 옥상 정원, 빗물을 모아 땅으로 돌려보내는 도시계획, 빗물을 모아 농사짓기, 생활 폐수를 바다로 내보내지 않고 정화시켜 땅으로 돌려보내기 등이 그것이다.

둘째, 지하수가 새로 채워지는 양보다 더 많은 양을 채수하지 못하도록 해야 한다. 지금의 방식을 계속 고집하면 다음 세대는 충분한 물을 얻을 수 없다. 이는 은행에 예금하는 돈보다 더 많은 돈을 출금해 쓸 수는 없는 것과 마찬가지다. 모든 정부는 자국의 지하수 공급에 대한 심도 있는 연구를 시행하여 지하수가 완전히 사라지기 전에 사용을 규제해야 한다.

셋째, 지표와 지하수원을 오염시키는 행위를 멈추고 엄격한 법률을 제정하여 이를 예방해야 한다. 마틴 루터킹은 "법이 사람들의 마음을 변화시키지는 못할지라도 무자비한 이들을 자제시킬 수는 있다"고 말한 바 있다. 법률에는 해외에서 오염을 일으키는 자국 기업에 대한 처벌이 포함되어야 한다. 원유와 메탄가스 생산을 위해 물을 남용하는 것도 멈추어야 한다. 산업형 농업이나 화학물질에 기반을 둔 농업과 관개 과정이 물에 악영향을 준다는 것은 많은 사례가 보여주고 있다. 2007년 출판된 『누가 물을 소유하는가 *Who Owns the Water?*』의 편집진은 '푸른 혁명'을 주창했다. 이는 적은 물로 더 많은 수확을 하고 과다한 화학물질 사용은 규제하자는 내용이다. 그들은 오늘날 세계의 농부들은 50여 년 전 농부들이 사용하던 양보다 6배 많은 농약을 사용하고 있다고 지적한다. 우리는 또한 정부의 지원 하에 새롭게 시작된 '생물연료 농업'에 대한 경고의 목소리에도 귀를 기울여야 한다. 이는 물을 지나치게 많이 사용하며 비옥한 농토를 위험한 방식으로 다루는 농법이다. 산드라 포스텔은 점적관개(drip irrigation) 등 지속가능한 식량생산 구조에 대해 이야기한다.

세계화국제포럼은 정부 보조금에 대해 폭넓게 이야기 중이다. 이는 국가 정책이나 국제 교역 규정 등으로 환경을 보호하고 지속가능한 농업을 장려해 지역의 식량생산을 지원하는 것이다. 이는 가상적 물 교역과 관로를 통한 대량의 물 이동을 금지하거나 제한할 수 있다. 물과 폐수 인프라에 대한 정부의 투자는 낡은 구조물이나 구조물 부재로 인해 매일 새나가는 물의 손실을 줄일 수 있다. 국내법을 통한 물 집적 역시 모든 범주에서 가능하다.

크라브칙은 순진한 이상주의자가 아니다. 그는 이러한 자연에 기반을 둔 해결방안이 세계화에 대한 신봉과 그 뒤에 숨겨진 성장 욕구에 도전하는 것임을 안다(최근 미국의 환경론자 에드워드 애비는 성장만을 위한 성장은 암세포 이데올로기와 다름없다고 말했다). 그는 이러한 계획이 담수화, 폐수 재활용, 나노기술과 같은 기술적 해결방안에 집중된 대규모 투자에 피해를 줄 수 있다는 것도 알고 있다. 그는 "비극이라면, 우리가 제시하는 방안이 대기업이 투자할 수 있는 대단히 매력적인 기술사업이 아니라 수천 명의 세세한 관심에 목표를 둔 지역사회 프로그램이라는 점이다"라고 기술했다. 그는 모든 정부와 국제기구가 우리의 푸른 지구를 살리기 위해 지역사회의 지속가능한 개발 프로그램을 수단으로 사용해야 한다고 주장한다. 이는 정부와 국제기구가 현재 지원하는 기술사업보다 훨씬 경제적일 뿐 아니라 생물다양성을 보호하고 자연재해와 전쟁을 예방할 수 있는 방안이다.

뉴멕시코에서 건조한 땅에 물을 대기 위해 오래도록 사용해온 자연도랑 관개 방식인 아세키아(Acequia)라던가 인도 라젠드라 싱의 물 집적 사업 등이 그러한 예다. 제노바 소재 국제빗물모으기연합은 지속가능한 빗물 모으기 사업이 전 세계에서 활발히 일어나도록 힘쓰고 있고, 정부와 유엔이 이들을 지원하고 있다. 크라브칙은 이러한 변화에는 10년 정도의 시간이 걸릴 것이라고 말한다. 한마디로, 우리가 물의 순환 구조를 배려하고 지구가 물을 재생할 수 있도록 돌본다면 자연은 우리에게 영원히 물을 제공할 것이다.

물 정의

두 번째 물 위기는 물에 대한 불공평한 접근성이며 이를 극복하기
위한 대안은 물 정의이다('물 자선'은 정의와 다르며 대안이 될 수 없
다). 많은 나라가 세계은행과 IMF에 진 빚을 감당하느라 수백만의 국
민들에게 깨끗한 물, 보건, 교육을 제공하지 못하고 있다. 결국 가난
한 나라의 정부는 빚을 갚기 위해 국민과 자원을 착취하기에 이른다.
주빌리사우스, '빈곤을 역사 속으로', 액션에이드와 같은 단체와 네트
워크는 매일 수천 명의 어린이가 죽는 것을 멈추게 하려면 최소한 62
개 나라의 심각한 부채를 면제해줘야 한다고 보고했다. 뿐만 아니라
많은 선진국이 해외에 제공하는 원조는 GDP의 0.7퍼센트라는 권고
수준에 훨씬 미치지 못한다. 예를 들어 미국은 GDP의 단지 0.17퍼센
트만을 외국을 원조하는 데 사용하고 있으며 그나마 부시행정부 하에
서는 '미국 기업에 시장을 열고 있는 경우'라는 조건을 붙여 대상을
제한했다.

이러한 기업들의 대다수가 개발도상국에서 벌이고 있는 일은 범죄
그 자체다. 그들의 방식이 유일한 경제 모델인양 가장하며 새로운 형
태의 식민지 정복을 일삼고 있다. 많은 나라에서 북미와 유럽의 기업
들은 몇 년간 세금 우대를 보장받고 있으며 지역주민과 환경을 함부
로 다루고 있다. 데일 웬 박사가 세계화국제포럼에서 설명한 것처럼,
중국의 오염 문제에 있어 중국의 토양을 오염시키는 다국적기업들의
행태는 비난하지 않으면서 중국 측에만 환경에 대한 책임을 물어서는
안 된다. 각 국의 정부는 자국의 기업들이 해외에서 하고 있는 일에
대해 관리를 해야 할 필요가 있다. 예를 들어 캐나다의 광산 회사는

환경을 남용하는 것으로 잘 알려져 있는데, 이에 대한 책임을 캐나다 정부에 묻는 것도 고려해 봐야 한다.

다국적 물기업은 이중에서도 가장 질이 나쁜 부류에 속하므로 개발도상국에서 철수시켜야 한다. 만일 세계은행, 유엔과 선진국들이 세상 모두에게 맑은 물을 공급하는 것을 중요하게 생각한다면 그들은 제3세계가 진 빚을 면제해주거나 상당 부분 탕감해 주어야 하고 외국에 대한 원조와 공익사업을 위한 자금을 더욱 늘려야 한다. 또한 자국의 대규모 병입수 제조 기업들이 개발도상국에서 마구잡이로 물을 뽑아 쓰는 일을 멈추게 하고 수원을 보호하는 재생사업에 투자하도록 이끌어야 한다. 선진국의 정부는 또한 이들 기업이 물 기금을 어느 나라와 어느 지역에 조달해야 하는가에 대해 더 이상 언급하지 못하도록 통제해야 한다. 선진국의 국민들은 자국 정부의 위선을 알아차리고 이에 맞설 필요가 있다. 이들의 정부는 외국의 기업이 자신들의 물 공급 체계를 운영하고 거기서 수익을 내는 것은 절대 용인하지 않으면서도 물 상품화를 이끄는 국제적인 금융기구나 교역기구는 후원하고 있다. 물 정의 운동에 참여하는 많은 이들은 공정 무역 단체와 함께 일하고 있다. 이들은 지속가능성, 상호협력, 환경적 책무, 공평한 노동 기준에 기반한 국제 교역 규범을 새로이 만들고자 노력하고 있다. 이들은 또한 금융 투기 행위에는 세금을 징수해야 한다고 주장한다. 약간의 세금만 걷어도 개발도상국의 병원, 학교, 물 서비스를 지원해 줄 수 있기 때문이다.

물 불평등을 가장 절실하게 실감하는 두 당사자, 여성과 원주민에 대한 특별한 언급이 있어야만 한다. 여성환경개발기구(WEDO)는 국제적인 변호기구로 전 세계의 정책 입안에 있어 여성의 영향력을 키우기 위해 노력하면서, 여성이 전 세계에서 물 관련 노동의 80퍼센트를 수행하면서도 물 불평등의 최전선에서 고통을 겪고 있다는 것을 알리기 위해 애쓰고 있다. 여성환경개발기구는 환경 및 빈곤 문제와 함께 물이 성평등을 이루는 데 있어 가장 중요한 요소라고 주장한다. 물과 관련된 정책 과정이 지역사회 수준에서 세계은행 등 세계 수준으로 이동할수록, 여성들은 누가 어떤 조건 하에서 물을 소유해야할지를 결정하는 권력에서 멀어진다. 전 세계에서 물을 1차적으로 모으는 역할을 하는 사람은 여성들이다. 따라서 물과 관련된 의사결정 과정에서도 여성은 주요 이해당사자로 인정되어야 한다.

원주민은 특히나 물 약탈이나 착복에 약한 그룹으로, 그들의 토지와 물에 대한 배타적 권리는 자국 정부가 보호해 주어야 한다. 2007년의 세계 물의 날, 행동강령으로 채택된 '물에 경의를 표하고, 존중하고, 감사하며, 보호하라'에서, 원주민환경네트워크(IEN)는 선조에게 물려받은 자신들의 땅에서 선진국의 정부와 기업이 많은 자원 약탈을 일삼고 있다는 점을 지적했다. 원주민환경네트워크는 지속되는 착취, 사유화, 오염이 문화유산과 신성한 지역의 조화를 망가뜨린다면서, 신성한 물을 보호하기 위해 원주민의 목소리를 높이겠다고 말했다.

물 민주주의

세 번째 물 위기는 기업의 물 통제이며 이를 극복하기 위한 대안은 물의 공적 관리다. 물 독점 현상이 전 세계에 퍼지고 있는 것은 윤리적으로, 환경적으로, 사회적으로 옳지 못한 일이다. 이는 곧 물의 분배가 환경과 사회의 관점이 아닌 상업적인 관점에서 이루어지고 있다는 것을 의미한다. 물 보전, 물 정의, 물 민주주의의 원칙에 따라 기업을 운영해야 한다면 현재의 다국적기업들은 경쟁력을 가질 수 없다. 이러한 원칙에 따라 제대로 작동할 수 있는 조직은 공익을 위해 일하는 정부밖에 없다. 상하수도 설비업체, 병입수 제조사, 물 활용 기업들은 수익을 위해 소비 증가를 부추길 수밖에 없고 수원을 보호하고 보전하려는 노력에는 절대로 진지하게 참여할 수 없을 것이다. 더군다나 물 공급이 기업, 특히 외국기업에 의해 통제된다면 기업이 운영되고 있는 국가와 지역의 민주적 감시는 급격히 감소하게 된다. 물은 전 세계 모두의 자산이지만 분명 특정 지역에 속해 있으며 민주적이고 공적인 관리의 문제가 되어야 한다. 기업에 의한 물 관리보다 나은 많은 대안들이 있으며 실제로 많은 곳에서 효과를 발휘하고 있다.

국제공공서비스와 세계개발운동은 물 서비스의 민영화에 대한 대안을 위해 많은 일을 해왔고 공공 간 파트너십(PUPS, Public-Public Partnership)을 주창한다. 데이비드 홀과 에마누엘레 로비나가 『공익서비스로서의 물 *Water as a Public Service*』에서 설명한 것처럼 물 관련 공익사업은 정치적 공공의 합법성, 합법적 권력, 재정적 자원, 지속가능한 노동력 등을 가져야만 한다. 선진국과 개발도상국 모두에서 물을 관리해온 자들은 이러한 능력을 부양하고 있다. 그러나 많은 개발도상국이 아직 이러한 능력을 갖추지 못해 PUPS의 도움을 받고 있다. PUPS는 관리 체계를 갖춘 곳이 전문가와 기술을 이전해 주는 물 관리 파트너십일 수도 있고, 공공 부문의 노동조합과 공적 연금 위

원회 등의 공익 기구들이 자신들의 자원을 활용, 개발도상국에서 공
익적인 물 서비스를 지원하는 사업일 수도 있다. 이러한 사업의 목적
은 대중에게 물을 공급하고 하수도 서비스를 제공할 수 있도록 지역
에 필요한 관리 기술과 숙련된 노동자를 대주는 것이다.

PUPS의 성공 사례로는 스톡홀름과 헬싱키의 물 사업부와 이스토
니아, 라트비아, 리투아니아 등 전 소비에트 연합국 간의 파트너십,
그리고 암스테르담워터와 인도네시아, 이집트의 도시 간 파트너십이
있다. 국제공공서비스는 효과적으로 운영되고 있는 수도 공익사업이
세계의 도시 3개만 받아들여도 공공-사기업 간 파트너십이 지구 전
체에서 운영될 수 있고 사기업을 지원하는 비용의 일부만으로도 필요
한 모든 이들에게 물을 제공할 수 있다고 주장한다. 이러한 과정은 또
한 물기업이 어떻게 인도주의를 위해 힘을 모을 수 있는지를 보여주
는 확실한 사례가 될 것이다.

세계개발운동은 2007년 3월 「공공 관리로 가는 길 *Going Public*」
이라는 발간물에서 브라질의 포르투 알레그리, 인도의 타밀나두, 캄
보디아의 프놈펜, 우간다의 캄팔라 등의 지역에서 성공한 공공 물 시
스템 4가지를 소개했다. 지역마다 특성이 다르고 문제 해결의 내용에
도 차이가 있었으나 효율성, 신뢰, 투명성, 지역사회의 참여를 통해
성공했다는 점에서는 일치를 보였다. 국제공공서비스 역시 공공 물
시스템 융자에 대한 발간물을 냈는데, 진보적 중앙 정부의 감세 혜택
과 소액 신용대출, 협동조합이 결합된 방식을 제안했다. 국제공공서
비스는 또한 국가 단위 혹은 국제 규모의 공공 부문으로부터 대출을
받아 자본투자를 조달하여 통화 위험 요소로부터 투자자를 보호할 것

을 제안한다. 개발은행들은 그들의 본래 역할로 돌아가 수익 창출을 위한 투자가 아닌 효율적이고 믿을 수 있으며 투명하고 민주적인 구조에 투자를 해야 한다.

그 밖의 지역에서의 물기업 역시 제재를 받아야 한다. 지구적인 물 위기에 해결하는 데 있어 사기업이 할 역할이 없다는 것은 아니다. 그러나 모든 사기업의 활동은 엄격한 공공의 감시와 정부의 책임 하에 이루어져야 하고, 모두가 물 보전과 물 정의를 지향하는 프로그램 내에서 작동해야 한다. 크라브칙이 제안한 빗물 모으기와 엄격한 오염 예방 및 보호 법규 등을 현실화하려면 사기업의 물 재활용 기술은 매우 다른 역할을 맡아야 할 것이다. 우리의 미래는 세계의 바다를 둘러싸고 있는 수천 개의 담수화시설이나 구름에서 빗물을 뽑아내는 기계에 달려 있지 않다. 그리고 현실이든 지각된 사실이든 병에 든 물을 마시는 것은 어떠한 논리적 근거도 갖고 있지 않다.

각 국의 정부는 사기업의 기술 발전을 기다리기만 할 것이 아니라 이들 기술을 엄격하게 통제하고 관리해야 하며, 이 부문에 대한 정부의 투자는 공익을 우선하여 실천해야 한다. 마찬가지로 병입수 외에는 안전한 음용수가 없는 나라라면, 정부가 이 산업을 엄격히 관리해야 한다. 그리하여 병입수 산업이 지속가능한 방식으로 외국 기업이 아닌 지역 내에서 스스로 운영하여 공익 산업이 되도록 해야 하며 병의 재활용에도 신경을 써야 한다. 그러나 최종 목표는 병입수가 필요 없는 세상을 만드는 것임을 잊어서는 안 된다.

'물에 대한 권리'의 시대

이제 세계의 물 정의 운동은 이 모든 상황을 안정시키고 물 관리의 주체에 대한 질문에 답해줄 국제법의 변화를 요구하고 있다. 물이 경제와 관련된 측면을 가지고 있긴 하지만, 물은 어디까지나 상품이 아니라 인간의 권리이자 공공의 보호를 받아야 하는 대상이다. 지금 우리는 안전하고 누구나 마실 수 있는 충분한 물을 정부가 공공 서비스로서 자국민에게 제공할 의무를 법으로 규정해야 한다. '언제 어디서나 모두를 위한 물'이라는 말이 명확하게 표현해 주기는 하지만, 이에 맹렬하게 저항해온 기업의 물에 대한 영향력을 되찾아오려면 권력의 이동이 필요한 것이 사실이다. 부유한 나라의 정부는 물의 상품화가 자국의 기업들에게 이익이 되기 때문에, 가난한 나라의 정부는 물 서비스의 의무를 잘 해내지 못할까 두려워 지금의 상태를 유지해 왔다. 전 세계의 시민단체는 자국에서는 물에 대한 권리를 법적 권리로 만들기 위한 움직임을 벌이고 있고 국제적으로는 이를 완전한 협약으로 만들기 위해 유엔에 요구하고 있다(서약, 조약, 협약이라는 용어들은 유엔에서 서로 같은 의미로 사용된다).

스위스연맹의 로즈마리 바는 물에 대한 권리를 협약이나 서약으로 만들자는 주장에는 다음과 같은 원칙에 대한 질문이 존재한다고 설명한다. '물에 대한 접근이 인간의 권리인가 아니면 단순한 필요 사항인가?' '물이 공기와 같은 공공의 자산인가 아니면 코카콜라와 같은 상업적 제품인가?' '수돗물을 틀고 잠글 권리는 사람, 정부, 보이지 않는 시장의 손 중 누구에게 있는가?' '마닐라나 라파스 같은 가난한 지역의 물 값은 누가 정하는가, 지역에서 선출된 물위원회인가 수에즈의 CEO인가?' 로즈마리 바는 지구적 물 위기는 훌륭한 통치를 간절히 요구하고 있으며 이를 위해 전 세계 어디에나 적용 가능한 법규를 만들어낼 필요가 있다고 말한다. 유엔서약은 물을 경제적 상품이 아닌 사회적·문화적 자산으로서의 기본적인 체계와 물 공급을 위한 튼튼하고 합법적인 기초를 세우게 해줄 것이다. 또한 모든 국가와 부유한 자, 가난한 자 모두에게 공통의 일관성 있는 규칙이 될 수 있고, 깨끗하고 누구나 지불할 수 있는 수준의 물을 국가가 모든 국민에게 제공해야 한다는 역할을 명시할 수 있을 것이다. 다른 협약이나 협정에서 승인한 인간의 권리와 환경원칙을 더욱 강화하는 역할도 해줄 수 있을 것이다.

네슬레에 저항하는 시민운동에 오랫동안 깊게 관여해온 미시간의 변호사 짐 올슨은 "물은 인간의 가장 기본적인 권리이자 모든 인류의 자산으로서 사유화라는 개념은 물의 본질과 맞지 않다"라고 말하며 이 점은 아무리 말해도 지나침이 없다고 주장한다. 올슨은 또한 다음과 같이 말한다. "물은 인간이 끼어들어 방해할 때를 제외하고 항상 움직인다. 인간이 끼어드는 경우는 물을 사용할 수 있는 권리를 누리기 위함이지, 모두의 평등한 권리를 독점한 채 이를 소유하거나 사유화하기 위한 것이어서는 안 된다. 주권국으로서의 소유권 및 물 관리는 개인의 사유화와 명백히 달라야 한다. 주권국으로서의 소유권은 그 지역을 흐르는 물에 대한 권리이며 사적 수익을 위해서가 아닌 공공의 복지, 건강, 안전을 위해 물을 사용하고 관리하는 것이다. 서약이 정교하게 만들어진다면, 국가가 세계은행의 핀을 들고 기업이 물을 통제할 수 있도록 중재할 경우 국가는 자국민의 권리를 침해하는 것이 되고 국민은 물이 인간의 권리라는 원칙 아래 국가에 배상을 요구할 수 있다.”

인간의 권리에 대한 협약이나 서약은 국가에 3가지 의무를 부여한다. 1) 존중의 의무: 국가는 국민이 인간의 권리를 누리는 데 저해가 되는 어떠한 행동이나 정책도 시도해서는 안 된다. 2) 보호의 의무: 국가는 국민이 인간의 권리를 누리는 것을 방해하는 제3자로부터 국민을 보호해야 한다. 3) 이행의 의무: 국가는 이 권리가 실현되도록 직접적으로 부가적인 수단을 채용해야 한다. 특히 ‘보호의 의무’는 국가가 기업들이 물에 대한 평등한 접근권을 부정하거나 물을 오염시키거나 지속가능하지 않은 방식으로 물을 뽑아내는 것을 방지하도록 강제할 것이다.

실제적인 단계에서, 물에 대한 권리 서약은 국내 법원이나 여론의 심판을 통해 국가에게 책임을 묻거나 국제적으로 배상을 요구할 수 있는 수단을 제공한다. 세계보존연합은 다음과 같이 말한다. “인간의 권리는 개인에 대한 문제이며, 국가 대 국가의 의무와 권리에 대해 말하는 국제법과는 다른 차원이다. 따라서 물이 인간의 권리로 규정되면 물은 사람들로부터 절대 빼앗을 수 없는 것이 된다. 권리에 기초해 접근해볼 때, 물 오염의 피해자와 삶에 필요한 최소한의 물을 빼앗긴 사람들은 보상을 받을 수 있을 것이다. 국제법의 다른 체계와 달리 인간의 권리에 관한 체계는 개인과 비정부기구에 대한 접근이 가능하다.”

세계보전연합은 또한 “물에 대한 권리 서약은 국가가 준수해야 할 것과 위반해서는 안 되는 것 모두를 일반인들에게 명확하게 설명할 수 있다"고 말한다. 1년에 걸친 비준 기간 동안 각 정부는 대상, 정책, 지표, 일정 등 실행 계획을 세울 것이다. 새로운 권리에 맞도록 국내법을 개정해야 하고 어떤 경우에는 개헌이 필요할 수도 있다. 새로운 권리에 대한 감시 체계가 어떤 형태로든 마련되어야 하고 특히 여성, 원주민과 같이 벼랑 끝에 몰렸던 사람들이 필요로 하는 것들이 명시되어야 한다.

서약은 유엔협정을 국내법 및 시행 계획으로 전환시키는 과정에 시민사회가 참여 하도록 하는 특정한 원칙을 포함시켜야 한다. 이는 시민들의 물에 대한 투쟁에 있어 합법적인 도구로 작용할 수 있다. 파라과이 '지구의 친구들'이 물 권리에 대해 2003년 선언서에서 밝힌 바와 같이 물에 대한 권리에 있어 지나칠 수 없는 부분은 지역사회가 그들의 자연유산, 수자원, 이 물을 만들어내는 영토, 유역, 대수층에 대해 영향력을 행사하고 직접 관리하는 것이다. 물에 대한 권리 서약은 물이라는 유산을 파괴하는 전 세계에 물을 사용하는 과정의 원칙과 우선순위를 정해주게 된다. 우리가 원하는 서약은 지구와 지구상의 여러 생명이 가져야할 물 권리를 보호하는 내용, 오염된 물을 재생하는 것이 시급한 사안임을 알리는 내용, 세계의 수자원을 파괴하는 행위를 멈추도록 하는 내용이 포함되는 것이다. 파라과이 '지구의 친구들'은 "인간을 위한 물과 자연을 위한 물을 따로 생각하는 대립된 사고는 물의 존재 그 자체가 생태계의 지속가능한 관리와 보전에 의존한다는 근본적인 사실조차도 인식하지 못해서 발생한 것이다"라고 말한다.

유엔에서의 전진

과거의 물은 인간의 권리로서 인식되지 못했기 때문에 1947년 유엔인권선언의 내용에는 포함되지 못했다. 이처럼 물이 강제해야 하는 인간의 권리가 아니라는 사실 때문에 유엔이나 각 국의 정부는 물기업, 세계은행, 세계물위원회, 세계무역기구 등과 같이 물을 상품화하는 기구나 조직이 물 관련 정책을 만들도록 허용했다. 그러나 유엔에서는 10년도 훨씬 넘게 물에 대한 권리 서약이 필요하다는 주장이 다양한 방식으로 논의되고 있는 중이다. 시민단체들은 물기업의 운영 방식이 지구 전체로 확대되고 세계의 모든 재정적 기구들에 의해 지원을 받아왔기 때문에 국가의 물 권리와 관련된 수단은 더 이상 국민과 시민을 보호할 수 없다고 반박한다. 물의 제왕들이 지구 전체에 손을 뻗치기 전에 관련 국제법이 만들어져야 한다. 우리는 또한 1990년 리우지구정상회담에서 물, 기후변화, 생물다양성, 담수화 등과 관련된 주요 영역 모두에서 새로운 행동이 필요하다고 지적한 바 있었다. 이 중에서 지금까지 물을 제외한 모든 영역이 유엔에서 서약되었다.

이러한 로비는 결실을 맺기 시작했고 물에 대한 권리는 유엔의 수많은 주요 결의안과 선언서에서 인정되었다. 2000년 개발에 대한 총회 결의안, 2004년 독성 폐기물에 대한 인권 결의 위원회, 2005년 5월 모두를 위한 물에 대한 116개 비동맹 회원국 성명서 등이 바로 그 결실이다. 가장 중요한 사례는 유엔 경제사회문화권리위원회가 2002년 채택한 '일반논평 15항(General Comment No.15)'으로, 이는 물에 대한 권리가 모든 다른 인권을 실현시키고 위엄 있는 삶을 영위하는 데 필수적이라는 점을 인식한 것이다(일반논평이란 인권 조약이나 협약에 대한 권위 있는 해석으로, 국가가 협약이나 조약을 해석할 때 독립적인 전문가들의 위원회에서 내려주는 해석이다. 이 경우의 해석은 경제·사회·문화적 권리에 대한 국제적 서약에 적용된다).

그러나 세계보전연합이 2004년 공식 보도자료 「인권으로서의 물? *Water as a Human Right?*」에서 지적했듯이, 일반논평 15항은 해석일 뿐이며 구속력 있는 조약이나 서약은 아니다. 물에 대한 권리를 국제법으로 확실히 명시하기 위해서는 구속력 있는 서약이 필요하다. 따라서 완전한 서약에 대한 압력이 점차 거세지고 있다. 2004년 초, 독일의 '세계를 위한 빵'의 다누타 자허와 유엔 '거주권 및 퇴거 위원회' 물 권리 프로그램의 아시파크 칼판은 정상회담을 요구했고 그 결과로 '물 권리를 위한 친구들'이라는 새로운 국제 네트워크가 생겨났다. 이 네트워크는 여러 개의 물 정의 운동 단체와 각 국의 정부가 일반논평 15항에 언급된 권리를 강화하기 위한 캠페인에 참석하도록 유도하고, 서약이 자리를 잡아 물에 대한 권리가 시행되도록 하기 위해 만들어졌다.

2006년 11월, 몇몇 국가들의 요구에 따라 새로이 조직된 유엔인권위원회는 인권고등판무관에 국제적인 인권 협정들을 고려해 볼 때 물과 관련한 인권의 범주가 어디까지이며 내용은 무엇인지 그리고 향후 필요한 대응 방식은 어떠해야 하는지에 대한 상세한 연구를 수행해줄 것을 요청했다. 이러한 요구가 서약을 꼬집어서 언급하지는 않았지만 많은 이들은 이러한 과정이 결과적으로 서약에 이르게 될 것이라고 기대하고 있다. 2007년 4월, 캐나다회의 '푸른 지구 운동'의 아닐 나이두와 '물 권리를 위한 친구들'의 창립 회원들은 물에 대한 권리 서약을 요청하는 편지에 전 세계 176개 단체의 서명을 담아 유엔 인권 고등판무관 루이스 아버에게 전달했다.

개발도상국 정부의 협조는 필수적인 사안이었다. 대부분의 개발도상국 정부는 이러한 새로운 의무를 정부가 즉각 이행할 수 없을 경우 자국민들이 서약을 정부에 대한 저항의 수단으로 사용할까 우려했다. 서약을 지지하는 쪽은 이 새로운 인권의 적용을 진보로 이해해야 한다고 강조했다. 물에 대한 권리를 실행할 능력이 없는 국가들은 즉각적인 이행이 불가능한 것에 대해 변명조차 하지 않는다. 서약을 위해 무엇보다 필요한 것은 이행 능력을 키워 실행을 위한 최소한의 단계부터 신속히 밟아나가는 것이건만, 몇몇 정부는 공공사업보다 군대 양성이 더 중요하다는 핑계를 대면서 자신들의 무능력을 악용하는 중이다. 인권을 중심으로 개발에 접근하는 데에는 무능력과 무의지 두 가지 방식이 있다. 1993년 유엔 세계회의에서 우리는 인권에 대해 다음과 같이 합의했다. "개발이 인권의 향유를 도와주기도 하지만, 미개발이 국제적으로 인정된 인권의 축소를 정당화하지는 못한다." 물 권리 서약을 비준하지 못한 정부는 능력에 대한 논쟁을 핑계 삼지 말아야 할 것이다.

상대적으로 물이 풍부한 정부가 자국 영토 내의 물을 다른 나라에 빼앗길지도 모른다는 잘못된 두려움 때문에 뒤로 숨는 일 역시 있어서는 안 된다. 캐나다 정부가 대표적인 예다. 인권은 국가와 그 국민들 간의 조약이다. 물에 대한 권리를 인정한다고 해서 자국 영토의 수자원에 대한 소유권마저 영향을 받는 것은 아니다. 우리가 선진국과 그들의 개발기구에 기대하는 것은 개발도상국이 목표하는 바에 이를

새로운 비전

지구 물 정의 운동이 점점 활기를 더해갈수록 물기업, 세계은행, 일부 선진국의 위협도 증가할 것이며, 이러한 과정이 민간분야의 참여를 촉진하는 협약 생성에 이용될 수 있다는 우려가 생겨나고 있다. 이제 물에 대한 권리를 주장할 시간이 되었다고 생각하는 이들이 있는가하면, 최근까지도 이러한 의견을 억누르며 기업의 이미지 향상을 위해 노력하는 강력한 세력이 있다는 것은 널리 알려진 사실이다. 무엇보다도 아이러니한 점은 이러한 새로운 구도가 우리의 열성적인 물 정의 운동의 결과로 태어났다는 것이다. 최근까지 국제기구와 거대 물기업들은 '물에 대한 권리'를 논의하기 위한 대표자 회의를 확고하게 반대해왔다. 거대 물기업의 본거지인 프랑스, 영국, 독일 등과 같은 많은 유럽의 국가들도 그래왔다. 헤이그와 교토에서의 세계물포럼에서 세계물위원회 회원들과 각 국의 정부는 시민사회가 요구한 '물에 대한 권리' 대표자 회의를 거절하면서 물은 인간에게 필요한 것이지만 인간의 권리는 아니라고 말했다. 우리가 주장하는 것은 단지 언어적 의미만을 이야기하는 것이 아니다. 인간의 권리란 그 누구도 개인의 경제적 능력에 근거하여 사고팔거나 부정할 수 있는 것이 아니다.

멕시코시티에서 열린 4차 세계물포럼의 공식 선포에서 물에 대한 권리는 또다시 포함되지 않았다. 그러나 세계물위원회는 「물에 대한

권리: 개념에서 적용까지」라는 새로운 보고서를 배포했다. 이 보고서는 민영부문에 대한 언급이 거의 없는 유엔의 많은 보고서를 짜깁기해 발표한 것으로 물에 대한 권리가 다양한 방식으로 적용될 수도 있다는 언급만이 있을 뿐, 물에 대한 권리를 둘러싼 공공과 사기업 간의 논쟁에 대한 언급은 전혀 없었다. 이 보고서가 물 권리를 위한 대표자 회의를 추천하지는 않았으나 세계물위원회의 대표자이자 수에즈의 이사인 루익 포송이 쓴 서문의 첫 문장은 이들 기업과 세계은행이 자신들의 현실에 대한 핵심을 말해주었다. "물에 대한 권리는 인간 존엄함에서 분리될 수 없는 요소다. 오늘날 누가 그렇지 않다고 말할 수 있겠는가?" 정녕 어느 누가 감히 그럴 수 있는지 되묻고 싶다.

세계물위원회는 미하일 고르바초프가 주재하는 국제녹십자라는 환경교육 기구와 함께 일하고 있다. 이 국제기구는 물 권리에 대한 유엔 협약을 위해 나름대로 명확한 태도를 가지고 캠페인을 이끌고 있는데, 사실 그 내용을 들여다보면 루익 포송 같은 인물이나 할 수 있는 수준 미달의 것이다. 이 기구가 물의 사유화로 인한 착취가 과도한 수익을 내고 있고 엄청난 목표 하에 시행되는 문제적 현상이라고 인정하긴 했지만, 물의 상품성과 인간권리 2가지 문제를 평등한 선상에 놓는 문제를 범하고 있기 때문이다. 또한 물 서비스에 대한 사기업의 재정 단계를 고려하고 물 공급 서비스의 사적인 관리도 허용해야 하며 물에 대한 시스템은 시장의 규칙을 따라야 한다고 했다. 캐나다의 무역 전문가이자 '푸른 지구 운동'의 법률 고문인 스티븐 슈라이브만은 이러한 내용을 법적으로 분석하며, 이 기구의 주장이 물에 대한 권리를 다룬 현 국제법의 보호 수준을 심각하게 후퇴시키는 결함을 지니고 있다고 말했다. 그러나 고르바초프는 「파이낸셜 타임스」와의 인터뷰에서 여전히 기업옹호적인 내용을 주장하면서 사기업이야말로 세계의 물 문제를 해결할 수 있는 지적, 재정적 잠재력을 가진 '유일한 기구'인 동시에 자신은 언제든지 그들과 함께 일할 준비가 되어있다고 언급하였다.

세계 물 정의 운동은 이러한 종류의 대표자 회의나 서약에 단 한 번도 서명한 적이 없다. 수백 개의 시민단체가 유엔 고등판무관에 제출한 내용에서 유엔이 물에 대한 공공의 소유를 선호한다는 명확한 입장을 가져야 한다고 촉구했다. 서약은 물이 인간의 권리일 뿐 아니라 공공자산이라는 것을 확실하게 기술해야만 한다. 물 권리에 대한 유엔의 서약이 시민사회의 인정을 받기 위해서는 기존 인권법의 2가지 결점을 보완해야할 것이다. 의미 있는 강제 기제를 갖출 것, 그리고 모든 국제기구에 의무를 지울 것이 바로 그것이다.

변호사인 스티븐 슈라이브만은 고등판무관 아르보 여사에게 제출한 제안문에서 "국제법에서 가장 눈에 띄는 변화는 유엔의 보호 아래 이루어지기보다는 기업의 권리를 법제화하려는 WTO와 국가 간 수천 개의 투자협약에 의해 만들어졌다"고 언급하면서 다음과 같이 기술하였다. "이러한 제도 하에, 물은 상품인 동시에 투자대상이며 서비스로 간주된다. 따라서 물은 인권, 환경, 그 밖의 비상업적 사회목표를 보호하기 위해 필요한 정책, 법률, 관습을 만들고 유지해야 할 정부의 역량을 심각하게 훼손하는 규칙들에 구속받을 수밖에 없다. 인권과 환경 등을 위한 제도가 사기업의 권리를 침해할 수도 있기 때문이다."

슈라이브만은 또한 이러한 협약이 물에 대한 독점을 주장할 수 있는 새롭고 강력한 수단으로 기업을 무장시켰고, 그 결과 국가마저 그들을 방해할 수 없도록 하고 있다고 말한다. 이러한 사적 권리의 법제화 과정은 물에 대한 인간의 권리를 실현하는 데 확실하고 심각한 저해 요인으로 작용하고 있다고 그는 설명한다. 이들 협약에 의해 운영되고 있는 재판은 인간권리와 투자와 무역법 간의 분쟁을 중재하는 일에 관여하고 있는데 그들은 이러한 일을 하기에 적합하지 않다. 슈라이브만은 이러한 분쟁을 처리하는 것은 유엔 고등판무관의 역할이어야 하며, 유엔이 인간권리에 대한 기본적인 중재자로서의 역할을 확실히 하지 않는 것에 대해 경고했다. 또한 유엔이 계속 이런 상태를 지속한다면 유엔은 인간권리에 대한 중요한 법적 문제 해결에 있어 유엔 체계 밖에서 사적인 재판들이 일어나는 것을 구경만 하는 방관자로 전락할 것이라고 말했다. 이 서약이 효과를 발휘하기 위해서는 상업적 이익과의 갈등이 일어나는 어떤 경우에나 인간의 물에 대한 권리를 우선적으로 보호해야 한다. 또한 이러한 장치는 국가 외 다른 기구에도 적용되어야 하는데, 다국적기업, WTO, 그리고 세계은행이 그 대상이다.

대중이 앞장서다

물 정의 운동은 새로운 국면을 맞고 있다. 유엔이 물에 대한 권리를 다루도록 강제했고 이제는 이러한 방향이 올바른 것임을 보여주기 위해 더 열심히 뛰고 있다. 좋은 징후가 많이 보이고 있다. 미국, 캐나다, 호주, 중국 등과 같은 국가는 여전히 물에 대한 권리를 인정하고 있지 않지만 이보다 더 많은 나라가 최근 들어 우리와 입장을 같이하고 있다. 유럽의회는 2006년 물 위기에 대한 유엔의 인간개발보고서를 계기로, 2006년 3월과 11월에 물에 대한 권리를 인정하는 결의안을 채택했다. 이때 영국은 반대의견을 철회하고 물에 대한 권리를 최초로 인정했다. '거주권 및 퇴거 위원회'의 아시파크 칼판이 설명했듯이, 대부분의 나라는 어떤 방식으로든 유엔에서 다양한 결의안으로 제시된 이 권리를 지지해왔다. 우리가 도전하고 헤쳐 나가야할 일은 이러한 좋은 징후를 제대로 실행할 수 있는 서약에 대한 지원을 얻어내는 일이다. 이것이야말로 시민사회 단체가 효과적으로 해낼 수 있는 부분이다. 많은 나라에서 물 운동 단체는 그들의 정부가 올바른 수단을 지원해 주기를 염원하며 열심히 일하고 있다.

그러나 그들은 유엔만 바라보고 있지는 않다. 많은 이들은 자국 내에서 국내 입법 내용의 변화를 통한 물 권리 확보에도 열심이다. 2004년 10월 31일 우루과이의 시민들은 세계 최초로 물에 대한 권리에 대해 투표를 실시했다. 우루과이의 '물과 생명 보호를 위한 전국 위원회'의 아드리아나 마르키지오와 마리아 셀바 오르티스, 그리고 우루과이 '지구의 친구들'의 알베르토 빌라레알이 이끄는 이 단체는 물 권리에 대한 헌법 개정을 위해 30만 명의 서명을 얻어 국민투표를 실시할 수 있었다. 결국 이들은 반대파의 위협에도 불구하고 3분의 2의 찬성을 이끌며 성공하였다. 개정안의 내용은 아주 중요하다. 이제 우루과이에서 물은 인간의 기본적 권리이며, 정부가 물 관련 정책을 만들 때 경제적인 고려보다 사회적 고려를 먼저 해야 한다는 내용을 포함한다. 게다가 헌법은 이제 "인간이 소비하는 물을 공급하는 서비스는 법적 권한을 부여받은 사람들이 직접적이고 독점적으로 제공할 것이다"라는 내용을 포함한다. 이는 기업이 아니라 국가가 물 서비스를 주관함을 의미한다.

몇몇 다른 나라에서도 이러한 법이 통과되었다. 남아프리카공화국에서 흑인에 대한 인종차별이 무효화되었을 때, 넬슨 만델라는 물을 인간의 권리로 정의하는 새로운 헌법을 만들었다. 그러나 개정안은 물의 공급 문제에 대한 아무런 제안이 없어 세계은행은 곧바로 이 새로운 정부에게 수자원 대부분을 민영화하라고 설득했다. 에콰도르, 에티오피아, 케냐 등의 개발도상국도 이러한 권리를 명시하는 헌법을 가지고 있으나 공공서비스의 필요성에 대해서는 기술하지 않고 있다. 벨기에 의회는 2005년 4월 물이 인간의 권리임을 인정하는 헌법 개정안에 대한 결의를 통과시켰고, 2006년 9월 프랑스 상원도 모든 개인이 맑은 물에 대한 권리를 가진다고 명시된 물 관련 법안의 개정을 채택했다. 그러나 두 나라 모두 공급에 대한 언급은 없었다. 우루과이 외에 물이 공공서비스로 공급되어야만 함을 헌법에 명시한 또 다른 유일한 나라는 네덜란드로 2003년에 식수공급은 전적으로 공공 부문만이 할 수 있게 제한하는 법을 통과시켰다. 그러나 네덜란드는 이 개정안에 물에 대한 권리를 명시하고 있지는 않다. 우루과이의 헌법 개정안만이 물에 대한 권리와 공공이 이를 공급해야 할 필요성을 보장하고 있어 앞으로 다른 나라의 모델로서 합당하다. 수에즈는 이 개정으로 우루과이에서 철수해야만 했다.

흥미로운 다른 발의안들도 진행 중이다. 2006년 8월, 인도의 대법원은 '자연 호수와 연못의 보호가 생명의 권리를 존중하는 것이며, 생명의 권리가 모든 권리 중 가장 우선한다'라고 판결했다. 네팔의 운동가들은 국가의 헌법에 명시된 건강에 대한 권리에 물에 대한 권리도 포함시켜야 한다고 주장하며 대법원에 항소 중이다. 에콰도르의 공공물보호연합은 물 사유화에 대항하여 정부로 하여금 물에 대한 권리를 인정하는 단계를 밟고 헌법을 개정하도록 만든 커다란 승리를 자축하고 있다. 남아프리카공화국의 물 사유화에 반대하여 일하고 있는 물 사유화저지연합은 요하네스버그의 물 계량이 소웨토 주민의 인권을 침해하고 있다는 전제 하에 이 방식을 개선해 달라고 대법원에서 소송 중이다.

볼리비아의 대통령 에보 모랄레스는 무역협정이 강요하는 시장모델을 거부할 수 있는 인간의 권리와 모든 생명체의 물 접근권을 위해 남아메리카대표자회의를 개최할 것을 요청했다. 12개 나라 이상의 대표가 에보 모랄레스의 요청에 긍정적으로 답해 왔다. 시민사회 그룹은 우루과이에서와 유사한 헌법 개정을 확산시키기 위해 많은 나라에서 열심히 일하고 있다. 콜롬비아의 60개 시민단체의 네트워크인 에코폰도 역시 우루과이와 유사한 헌법 개정을 위한 국민투표를 위해 힘쓰고 있다. 국민투표를 이루기 위해서는 최소한 150만 명의 서명이 필요하고 여러 번의 법정 공방과 위험하고도 위협적인 반대 세력과 대적해야 한다. 멕시코에서는 12개 단체가 멕시코물권리조직연합에 가입해 물 권리를 헌법으로 보장하는 그날을 위해 국가적 캠페인을 벌이고 있다.

캐나다에서는 수많은 인권, 개발, 종교, 노동, 환경 관련 단체가 '캐나다 물 권리를 위한 친구들'이라는 네트워크를 형성했다. 이 네트워크는 '푸른 지구 운동'에 의해서 주도되고 있으며 유엔의 물 권리 서약에 반대하고 있는 캐나다 정부의 입장을 바꾸기 위해 여러 가지 활동을 벌이고 있다. '식량과 물 감시단'이 주도하는 미국의 네트워크는 국가 물 자산의 안전한 보호를 위해 '국가 물신탁'과 물 권리에 대한 정부 정책의 변화를 요구하고 있다. 리카르도 페트렐라는 물 권리를 인식하도록 이탈리아에서 운동을 주도하는데 다양한 정치가들에게 많은 지원을 받고 있다. 물 권리의 시대가 도래한 모든 곳에서 변화의 힘은 성장하고 있다.

우리의 임무는 다음과 같다. 지구의 공동 유산인 물을 되찾고 모두가 현명하게, 그리고 지속가능하게 물을 잘 관리해야 한다. 우리가 시장 중심의 세계화라는 집단주의를 거부하지 않는다면 우리의 임무는 결코 완료되지 않을 것이다. 물을 둘러싼 경쟁, 무제한적 성장, 사적 소유에 대한 현재의 원칙은 협력, 지속가능성, 공공의 관리와 같은 새로운 원칙으로 거듭나야 한다.

2006년 10월 볼리비아의 에보 모랄레스 대통령은 남아메리카의 정부 대표자들에게 다음과 같이 제안했다. "우리의 목표는 진정한 통합을 통해 '잘 사는 것'이다. 우리는 그저 '잘 사는 것'을 원한다. '남들보다 잘 사는 것'은 우리가 원하는 바가 아니다. 우리는 다른 이들과 자연을 희생하여 이루는 무제한의 개발과 진보를 믿지 않는다. '잘 사는 것'은 인구 당 소득은 물론 문화적 정체성, 지역사회, 우리와 지구와의 조화를 포함한 모두를 생각하는 것이다."

인간은 자연이 준 선물인 물을 통해 많은 것을 배울 수 있다. 물은 우리가 지구에서 어떻게 하면 평화롭고 조화롭게 살 수 있는가를 가르쳐준다. 아프리카의 오랜 구전으로 글을 맺는다.

"우리는 단지 물을 얻기 위해 연못에 가는 것이 아니다. 그곳에서 우리를 기다리는 친구들 그리고 꿈이 있어서 가는 것이다."

옮긴이의 글 | Blue + Covenant |

생물학에 입문하면서 물이 생명의 본질임을 알았고 생태학을 배우면서 물이 삶에 있어 제한 요소임을 익혔다. 이 책의 원제인 *Blue Covenant*는 물에 대한 인간의 근본적인 권리를 보장하는 국제적 서약을 의미하는 용어로 사용되었다. 푸른 서약. 자연친화적이며 순수하고 훈훈한 민족의 색 쪽빛을 연상케 하는 서약이다. 이 서약이 주창하는 '모두를 위한 물'은 우리의 홍익인간 사상을 빼닮았다.

저자 모드 발로는 아시아 국가의 벼농사와 같은 오래된 농경재배 방식을 잘 이해하지 못하고 있기도 하며 때로는 몇몇 사안에 대하여 매우 극단적인 논지를 펼치기도 한다. 그러나 그러한 그의 주장은 일관성을 지니고 있다. 글을 옮기며 가장 주안점을 둔 사항은 저자의 다소 극단적인 표현이 자칫 전하고자 하는 중요한 부분을 퇴색시키지 않도록 하는 것이었다.

민주사회에는 대립되는 사고가 늘 존재한다. 이러한 대립을 해결하기 위해서는 서로를 이해하려는 노력이 필요하고 이는 균형적인 지식과 인지에서 출발한다. 물 사유화에 있어 나타나는 대립을 이해하기 위해서는 물을 상품화하려는 노력과 이를 저지하려는 또 다른 노력이 지닌 배경과 이유를 동시에 이해해야 한다. 물에 대한 시대적 해석과 요구에 있어 단면이 아닌 양면을 이해하고 균형 잡힌 사고를 지향하는 것이 그 어느 때보다 중요한 시기다. 이 책이 이러한 측면에서 도움이 되었으면 한다.

지속가능한 사회가 되기 위해 우리 사회의 '먹는 물 체계'는 과연 어떠한 것이어야 하는지를 객관적으로 반추하고 안내하는 도서로 이 책이 자리 잡기를 바란다. 늘 그런 것은 아니지만, 소수의 의견은 다수의 편견을 바로 잡을 수도 있으며 다수의 올바른 보편적 인식은 소수의 독단적 오류를 예방할 수 있다고 믿는다. 그 다수가 우리 일반 국민이라면 『물은 누구의 것인가』는 바로 우리 자신을 위한 책이라 생각한다.

번역 작업이라기보다는 배운 것이 너무 많았던 기회를 주신 한국방송통신대학교 환경보건학과 권수열 교수님과 '지식의 날개' 관계자들께 감사드리며, 원고 정리에 많은 도움을 주신 권하영 님, 최두연 님, 그리고 가족에게 고마운 마음을 전한다.